JN124597

マルチフィジックス有限要素解析シリーズ 6

次世代のものづくりに役立つ
振動・波動系の有限要素解析

著者：萩原 一郎・橋口 真宜・米 大海

近代科学社 Digital

刊行にあたって

　私共は 2001 年の創業以来 20 年間，我が国の科学技術と教育の発展に役立つ多重物理連成解析の普及および推進に努めてまいりました。

　このたび，次の節目である創業 25 周年に向けた活動といたしまして，新たに「マルチフィジックス有限要素解析シリーズ」を立ち上げました。私共と志を同じくする教育機関や企業でご活躍の諸先生方にご協力をお願いし，最先端の科学技術や教育に関するトピックをできるだけ分かりやすく解説していただくとともに，多様な分野においてマルチフィジックス解析ソフトウェア COMSOL Multiphysics がどのように利用されているかをご紹介いただくことにいたしました。

　本シリーズが読者諸氏の抱える諸課題を解決するきっかけやヒントを見出す一助となりますことを，心から願っております。

計測エンジニアリングシステム株式会社

代表取締役

岡田　求

まえがき

　CAE (Computer Aided Engineering) は，製造業の開発スタイルを，物ベースからデータ主体に変え大幅な開発期間短縮に貢献しました。

　このような動きがある中で，音・振動特性は振動や騒音レベルの高い箇所への制振材や吸音材の貼付で一応解決できるため，CAE への移行は遅れました。そこに風雲急を告げるような情報が 1980 年頃に米国から入ってきました。振動騒音解析技術で米国車の車両開発期間が大幅に短縮されたとのことでした。この衝撃により，たちまち日本の自動車メーカを中心とする自動車技術会だけでなく機械学会においても数多くの関連論文が発表され，騒音振動領域も CAE が推進されることとなりました。現在の汎用ソフトはその時の手法が使われていますが，最善のものでないことが本書で明らかになることでしょう。本書で記します新しい技術をもってすれば，来るべく音質の制御も可能となることでしょう。

　本書は，振動・波動系の有限要素解析について，第 1 著者自身が切り開いてきた歴史的な経緯も披露しながら，その必然的な成果である最先端の豊富な応用事例を交えながら説明をしています。さらにものづくりに必須の具体的な道具とその作成法と利用法について流体解析を例に挙げて紹介しています。

　第 1 章では後続の章の理解を深めるべく必要最小限の音の基礎を記述しています。第 2 章は，音振動解析の基礎とも言うべき音・振動の連成問題のモーダル解析について詳述しています。

　第 3 章および第 4 章は，設計に必須の FEM と最適化解析技術の融合について記しました。逐次的に，目標値に対する感度の情報を利用した最適化解析技術がいろいろと開発されています。そのため目標値や拘束値の感度を求めるための FEM とそれらを利用する最適化解析技術との融合のスタイルが最もポピュラーです。この FEM と最適化解析の融合は，やはり自動車業界で先行的になされたのが 1980 年初頭です。以来，多くの研究がなされていますが，最も刺激的だったのがトポロジー最適化の出現でしょうか。トポロジー最適化では大幅に共振周波数を変えることができますが各固有周波数の目標値をいくらに設定したら収束するのか不明です。

しかも実際の設計までもってゆくのは困難です。これらを解消できる新た
な手法を第3章で示します。

　最適化解析には，非線形問題とかレイアウト問題とか，感度解析が使用
できない問題も多くあります。この場合に用いられるのが応答曲面最適化
法です。試行点の目標値と拘束値をFEMで求めそのデータを整理してお
けば容易に最適化解析技術を用いることができます。これについて第4
章で述べます。この応答曲面法は試行点での目標値や拘束値の情報から，
試行点以外の点での目標値や拘束値を予測する意味で，まさに機械学習と
同じです。機械学習の世界では，因果の分かることがとても重要ですが，
ここで基底関数に使用するホログラフィックニューラルネットワークはま
さに因果の分かるもので，それによるメリットを生かした手法を披露しま
す。これからますます盛んになりましょうAIで解析の代理を行うサロ
ゲートモデルにも革新的に使用できる技術です。

　音源が移動すると音の高さが変化して聞こえます。音源が静止していて
も風が吹くと同様な現象が起こります。音のドップラー効果です。物体が
空気中で振動するとそれが圧力の粗密波を作り音波になって伝播します
が，物体がなくても音が出ます。空力音と呼ばれるもので，空気流に生じ
る渦が音源となって音が生じる現象です。このような現象を理解するには
流体力学に基づく流体解析に頼る必要が生じます。流体解析はスーパーコ
ンピュータを使うといったことから難しいという印象をもたれる読者も多
いとは思いますが，いまでは身近なPCでも有用な計算を行うことがで
きるようになってきました。そこで本書では空力音について第5章で紹
介します。流れがある場合の音の取り扱いと計算例を説明します。さら
に本書で紹介する最新の解析環境では読者自身がGUI (Graphical User
Interface) を使って簡単にモデル開発ができ，しかもその成果を「誰で
も・いつでも・どこでも」使えるようにアプリ化できます。

　第6章ではモデル開発の手順を紹介するとともに，開発したモデルのア
プリ化と配布機能を流体解析を例に挙げて説明しています。アプリを使え
ば専門家でない人でも数値解析に簡単に参加することができ，第1著者が
提唱する「自分が思い描く製品を自分で設計できる」といった時代に入っ
たと言えます。

本書はまさに次世代のものづくりの主役である振動・波動系に読者を誘う最良で最短の道筋を示す内容になっています。

　この機会に本書をぜひ手に取っていただき，読者自らが次世代のものづくりをリードしていく端緒になれば幸いです。

2024 年 1 月

著者代表　萩原一郎

目次

第1章　　音の力学

第2章　モード合成法をベースとする新しい解析技術

第3章　固有周波数を操る

第5章　流れの音

第6章　アプリによる数値解析

第1章

音の力学

1.1　はじめに

　本書では，音・振動についてのシミュレーションに関わる最先端技術を学びますが，最終目標はこれらのシミュレーションを基に素晴らしい人工物を造ることです。

　最近我々のグループは 2023 年度日本機械学会計算力学部門講演会で次の論文発表をしました。

① 阿部綾（明治大学），米大海 (KESCO)，楊陽，安達悠子，萩原一郎（明治大学）：折紙遮音壁を用いた室内騒音低減に関する一考察
② 山崎桂子（明治大学），米大海，橋口真宜 (KESCO)，萩原一郎：折り畳みと軽量化の両立する遮音シェード構造の検討

　コロナ禍以降，自宅で音楽を楽しむ方が増えた分，近隣の騒音トラブルが増加しています。そこで，遮音壁や簡易音響室を造ろうと思い立ったのが本研究の動機です。

　COMSOL を使った最先端解析技術で設計仕様を決めるわけですが，吸音や遮音，音源の種類や音の伝播など本章で記載したことを復習することにより，例えば①では二重壁理論に基づく新しい遮音壁を，②では折畳式でしかも重量 10 kg で市販の重量 50 kg の簡易音響室相当のものの試作が，本章の遮音・吸音の記述を参考にしてできました。このように，有限要素法を使用した最先端解析技術と並行して本章記載の基本理論を読み返すことがいかに重要かを学びました。本書の読者が，解析と合わせて本章から得られる知見の有効活用をされることに少しでもお役に立てれば幸いです。

1.2　音の発生

　本節では，音源の種類など音の発生と伝播について述べます。

1.2.1　平面波

　音波は空気中の圧力変動を表す波動現象であり，空気の粒子の振動方向とその伝搬の方向が一致する縦波です。空気中の一点にかく乱を与えますと，その部分に歪が生じ，それが順次周囲の空気に伝わり広がっていきます。

　一般に，空気は広い等方性弾性媒質であり，歪は球面上に広がります。このように，音波の等位相面が球面状になっているものを球面波と言います。一方，図 1.1 に見られるように，擾乱 の近傍では球面状の等位相面も，十分離れた点においては音波の進行方向に垂直な平面状の等位相面となります。この平面状の等位相面をもつ音波を平面波と言います。

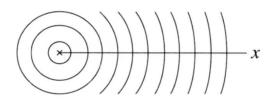

図 1.1　音波の等位相面

1.2.2　音波の波動方程式

　音波が x 方向にのみ伝搬しているとき，媒質の体積弾性率を K，密度を ρ，媒質中の音速を c とすると次式が成り立ちます。

$$\frac{\partial^2 p}{\partial t^2} = c^2 \frac{\partial^2 p}{\partial x^2} \tag{1.1}$$

　ここに，$c^2 = K/\rho$ です。音波が球面上で x 方向，y 方向，z 方向に伝搬しているときには，同様に次式が成り立ちます。

$$\frac{\partial^2 p}{\partial t^2} = c^2 \left(\frac{\partial^2 p}{\partial x^2} + \frac{\partial^2 p}{\partial y^2} + \frac{\partial^2 p}{\partial z^2} \right) \tag{1.2}$$

　これを音波の波動方程式と言います。式 (1.1) の一般解は次式で書けます。

17

$$p(x, t) = f_1(ct - x) + f_2(ct + x) \tag{1.3}$$

ここで f_1 は x 方向に速度 c で進む進行波で，f_2 は $-x$ 方向に速度 c で進む進行波です。すなわち時間と空間の関数である音圧 p は，速度 c で $\pm x$ 方向に進む進行波の和となります。このように，音速 c は状態の移動速度を意味します。

1.2.3　音源

ある表面積をもつ個体が空気中で振動すれば音波を発生します。このように，音波を発生するものを総称して音源と呼びます。半径 a の球体の表面が半径方向に一様な速度 u で振動している状態を球音源と言い，理想的な球面波を作り出します。これは，球体内の空気が一様に一定の割合ですべての方向に噴出と吸入を繰り返していることから呼吸球とも呼ばれます。

また，発生する球面波の波長に比べ a が十分小さいときには，球音源の中心点において呼吸が行われている点音源とみなすことができます。なお，呼吸球が単位時間内に呼吸する空気の量の実効値 U_0 は，点音源の強さと呼ばれ次式で与えられます。

$$U_0 = 4\pi a^2 u \tag{1.4}$$

一般に音源の形態は複雑であり，それから生ずる音波も単純ではありません。しかし，それらは，点音源の集合体として解析することができます。その意味でも球音源は，音響理論を理解する上で基本になる音源の形態と言えます。

1.3　音の伝播

本節では，音波の減衰，反射，透過，屈折，回折などについて学びます。

1.3.1　音響出力と音の強さ

1 秒間に音源から放出される音のエネルギーは音響出力 W と称されま

す。音波の伝搬は媒質粒子の振動状態が伝わっていくことですから，振動のエネルギーが伝搬していることになります。媒質中に音の伝搬方向に垂直な面をとり，この面の単位面積を通過する1秒あたりのエネルギー量を音の強さとして音を定量的に表現することができ，その単位は $[\mathrm{W/m^2}]$ です。

平面進行波では音の強さ I と音圧 p との関係は

$$I = \frac{p^2}{\rho c} \tag{1.5}$$

です。球面波を生ずる点音源からは，音のエネルギーが周囲に一様に放射されるため，点音源を中心とする球面上の音の強さも一様になります。ゆえに，音源から距離 r の点の音の強さ I は半径 r の球の表面積で音源の音響出力を割った値になります。いま点音源の音響出力を W とすると

$$I = \frac{W}{4\pi r^2} \tag{1.6}$$

です。

また，もしこの小音源が自由空間でなく，例えば，床などのように平らな面上にあって半自由空間に音を放射していれば，式 (1.6) は

$$I = \frac{W}{2\pi r^2} \tag{1.7}$$

です。すなわち，点音源による音場の音の強さは距離の2乗に反比例した距離減衰を示しており，このような関係は逆2乗則と称されます。

1.3.2　放射インピーダンス

振動している物体が空気を震わせて音を発生する場合，振動体の表面から媒質である空気を見た機械インピーダンスを放射インピーダンスと言います。すなわち放射インピーダンスは，音源の振動に対する周囲の空気（媒質）の反作用を抵抗の形で表したものであり，放射インピーダンスが大きいほど，音源の振動が効率よく音に変換されることを意味します。

いま音源の表面の振動速度を u，空気が音源の表面に及ぼす反作用を f とすると，放射インピーダンス Z_R は f/u です。また，音源の表面積を S，

音源の表面における音圧を p とすると，$f = Sp$ ですから $Z_R = S\,(p/u)$ となります。一般には，音源の振動形態が単純な場合を除いて音源の放射インピーダンスを知ることは困難ですが，振動速度 u と音圧 p の間には位相のずれがあるため，Z_R は複素インピーダンスの形をしており，$Z_R = S\,(R + jX)$ で表現されます。

　最も単純な振動形態をもつ呼吸球の放射インピーダンスについて考えてみます。呼吸球の表面における音圧 p は，呼吸球の表面の振動速度を u としたとき $p = -\rho c u \left(\frac{jka}{1-jka} \right)$ で与えられるため

$$Z_R = S\left(\frac{p}{u}\right) = -4a^2\rho c \left(\frac{jka}{1 - jka} \right) = 4a^2\rho c \left(\frac{k^2a^2}{1 + k^2a^2} - \frac{jka}{1 + k^2a^2} \right)$$

$$(1.8)$$

となります。ここに，a は呼吸球の半径，ρ は空気の密度，c は音速です。

　また，k は波数で音源の波長を λ とすると，$k = 2\pi/\lambda$ で定義されます。図 1.2 に呼吸球のインピーダンスと ka の関係を示します。ここでは縦軸に $Z_R/(4\pi a^2 \rho c)$ をとっていますが，グラフは放射インピーダンスの周波数特性を示すと考えてよいでしょう。横軸の ka は呼吸球の周長と波長の比であり，波長が短い高周波音ほど放射されやすくなります。よって波長の長い低周波音を発生するためには，呼吸球の径を大きくする必要があると言えます。

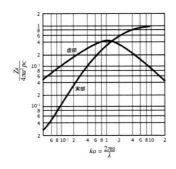

図 1.2　呼吸球の放射インピーダンス

1.3.3 音の強弱の評価

人の耳が音を感ずるとき，その感じ方はほぼ音圧の対数に比例します。また，その感ずる音圧値は非常に広い範囲にわたります。このため音圧 [Pa] の対数値で音を評価するのが便利なことも多いです。そこで次のように音圧レベル（Sound Pressure Level, 略して SPL）L_p を定義し，デシベル [dB] で表します。

$$L_p = 20 \log_{10} \frac{p}{p_0} \tag{1.9}$$

ここで，p_0 はレベル表示のための基準音圧値であって，1000 Hz において我々が聞き得る音圧の最小値をとります。すなわち，$p_0 = 2 \times 10^{-5}$ Pa です。また，音の強さ I についても同じように

$$I = 10 \log_{10} \frac{I}{I_0} \tag{1.10}$$

と，音の強さのレベルをデシベルで定義します。なお，基準値 $I_0 = 10^{-12} \text{W/m}^2$ ですが，これは空気中で式 (1.9) における基準音圧値 p_0 に対する平面進行波の音の強さです。常温の空気の密度 ρ および音速 c は $\rho = 1.2 \text{ kg/m}^3, c = 340 \text{ m/s}$ ですから，常温の空気の場合

$$I = 10 \log_{10} \frac{I}{10^{-12}} \approx 20 \log_{10} \frac{p}{2 \times 10^{-5}} = L_p \tag{1.11}$$

となります。このことから，空気中では音圧レベルと音の強さのレベルの数値とがほぼ等しいと見てよいことが分かります。

そして，式 (1.6), 式 (1.7) から小さい音源，理想的には大きさが 0 であるような点音源による音の強さは音源からの距離が 2 倍になるごとに 6 dB ずつ減少することが分かります。これに対して音源が一直線状をなしているとき，すなわち線音源による音の強さのレベルと音圧レベルは，ともに音源からの距離が 2 倍になるごとに 3 dB ずつ減少します。さらに，面積の十分広い面全体が振動して音源になっているようないわゆる面音源では距離によるレベル変化はありません。

1.3.4 音響パワーレベルと指向性利得

音響パワーについても，音圧レベルや音の強さのレベルと同じように

対数をとります。基準値 W_0 を $W_0 = 10^{-12}W$ として，音響パワーレベル L_w を

$$L_w = 10 \log_{10} \frac{W}{10^{-12}} \tag{1.12}$$

とデシベルで定義します。ここで，音響パワーレベル L_w と音源から $r[\mathrm{m}]$ 離れた点における音の強さのレベル L_r との関係は，自由空間において式 (1.6) から

$$L_r = L_w - 20 \log_{10} r - 10 \log_{10} 4\pi \tag{1.13}$$

です。特に空気中では，$L_r = L_w$ の関係が認められますから，球面波伝搬の場合には

$$L_r = L_w + 20 \log_{10} r + 11 \tag{1.14}$$

としてよいことになります。同様に，半球面波伝播の場合には，式 (1.7) から

$$L_w = L_p + 20 \log_{10} r + 8 \tag{1.15}$$

です。これらの式は音源の音響パワーレベルとその周りの音圧レベルとの関係を示すものですから，比較的容易に測定できる L_p から L_w，したがって音源の全音響出力を求めるのによく使われます。

　球音源はすべての方向に均一な音波を放射しますが，強さが等しく位相差が 180° ある近接した 2 つの点音源で構成される 2 重音源の場合は，図 1.3 のように方向性のある音波を放射します。前者は無指向性音源，後者は指向性音源と呼ばれます。

　一般には複数個の点音源の組み合わせにより，種々の指向性音源を作ることができます。指向性音源はある特定の方向に音のエネルギーを集中させるために用いられ，指向性の強さを表すものに指向性率 Q があります。指向性率 Q は指向性音源の最大放射方向の音の強さと，同一音響出力の点音源による音の強さの比で定義されており，そのデシベル値は指向性利得 DI と称されます。すなわち，$\mathrm{DI} = 10 \log Q$ です。音響パワーレベル L_w と指向性利得 DI との間には次式が成立します。

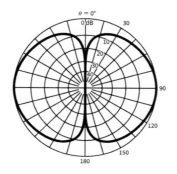

図 1.3　2 重音源の指向性

$$L_w = L_p + 10\log_{10} S - \mathrm{DI} \tag{1.16}$$

ここに，S は拡散面積です。

1.3.5　音響インピーダンス

　粒子速度 u と粒子速度に垂直な微小面積 S の積である Su は，1 秒間に面積 S を通過する媒質の体積であり，体積速度と呼ばれます。音場内の一点における音圧 p と体積速度 Su の比は音響インピーダンス Z_A と称されます。ここで Z_A は放射インピーダンスと同様に複素インピーダンスであり，$Z_A = R_A + jX_A$ と書けます。また，Z_A の実部 R_A は音響抵抗，虚部 X_A は音響リアクタンスです。体積速度の単位は $\left[\mathrm{m^3/s}\right]$ ですから，音響インピーダンスの単位は $\left[\mathrm{P_aS/m^3}\right]$ になります。一方，音圧 p と粒子速度 u の比は比音響インピーダンス Z_S と呼ばれます。Z_S も複素インピーダンスであり，実部は比音響抵抗，虚部は比音響リアクタンスです。

　なお比音響インピーダンスの単位を $\left[\mathrm{(P_aS/m)\,/m^3}\right]$ と考えますと，音響インピーダンスは単位面積あたりの比音響インピーダンスを意味することが分かります。平面波音場では音圧と粒子速度の間に $p = \rho c u$ の関係がありますが，これは平面波音場における比音響インピーダンスが ρc であることを示しています。なお ρc は媒質に固有の値であり，固有インピーダンスと呼ばれます。また，ρc は実数であることから，平面波音場においては音圧と粒子速度は同位相になります。

　一方，球面波音場における比音響インピーダンス Z_S は，音源からの距離を r とすると

$$Z_S = \frac{\rho c j k r}{1 + j k r} \tag{1.17}$$

　ここで $r \to \infty$ とすると $Z_S = \rho c$ となり，音源から十分離れた点では平面波音場と扱えることが分かります。

1.3.6　音波の減衰（吸収）

　球面波の伝播に見られる距離減衰は，拡散による音の強さの減少でありエネルギーの損失によるものではありませんが，音波は，空気の粘性や熱伝導および熱ふく射によりエネルギーを失い減衰します。これは一般に音波の吸収と呼ばれ，距離減衰とは本質的に異なります。音波の吸収に関する媒質の特性を表すものに減衰係数 β があります。β は音圧や粒子速度の振幅が $1/e$（e は自然対数の底）に減衰する距離の逆数で，単位は $[1/\mathrm{m}]$ です。

　平面波の場合，音波の波長を λ とすると $\beta = A/\lambda^2$ となり，波長の短い高周波の音ほど β の値は大きく，音波は吸収されやすいです。また，A は，空気の粘性係数，熱伝導係数，比重，ポリトロープ指数（定圧と定容比熱の比）および音速により定まる定数で，温度や湿度が低いほど大きな値になり音波の吸収もよくなります。

1.3.7　音波の反射，透過

　1 つの平面を境にして密度の異なる 2 種類の媒質が接しているような場合，図 1.4 に示すように，一方の媒質を伝播してきた音波は境界面でその一部が反射し，残りは透過していくのが一般的です。

　いま，入射波，反射波および透過波のエネルギーを E_0，E_1 および E_2 とすると $E_0 = E_1 + E_2$ が成り立ちます。また，境界面の両側では，粒子速度および音圧が等しいです。このことを使って E_0，E_1 および E_2 の関係を求めますと次のようになります。

$$R_R = \frac{E_1}{E_0} = \frac{(\rho_1 c_1 - \rho_2 c_2)^2}{(\rho_1 c_1 + \rho_2 c_2)^2} \tag{1.18}$$

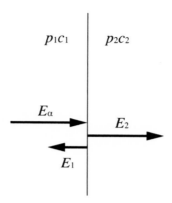

図 1.4　音源の反射と透過

$$R_T = \frac{E_2}{E_0} = 1 - \frac{E_1}{E_0} = \frac{4\rho_1 c_1 \rho_2 c_2}{(\rho_1 c_1 + \rho_2 c_2)^2} \tag{1.19}$$

　ここに R_R は音の反射係数（反射率），R_T は音の透過係数（透過率）と呼びます。また，$\rho_1 c_1, \rho_2 c_2$ は 2 種類の媒質の固有インピーダンスです。例えば，水面に垂直に入射する平面波の R_R および R_T を求めてみますと $R_R = 0.9988, R_T = 0.0012$ であり，平面波のエネルギーはそのほとんどが水の表面で反射されることになります。

　図 1.5 は，剛体平面 $(R = 1)$ での球面波の反射の様子です。点音源 A

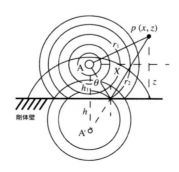

図 1.5　球面波の反射

から放射された球面波は，あたかも境界面に対し，A と線対称の位置にある点音源 A から放射された球面波の如くに境界面で反射されます。すなわち剛体壁近傍の点音源 A による点 P の音圧は A および A の像である A' の 2 つの音源による合成音場として求めることができ，これを鏡像の原理と言います。

1.3.8　音波の屈折，回折

図 1.6 に示すように，固有インピーダンスの異なる 2 つの媒質の境界面に斜め入射した音波の入射角 θ_1，屈折角 θ_2 の間には，光の屈折におけるのとまったく同じ次の関係があります。

$$\frac{\sin\theta_1}{\sin\theta_2} = \frac{c_1}{c_2} \tag{1.20}$$

光で見られる場合と同じ現象で，幾何学的には陰になる場所へも音が到達する現象が回折です。特に，可聴周波数の音の波長は可視光線の波長に比べてはるかに長いですから，この回折現象が極めて顕著に表れます。

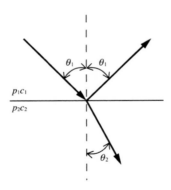

図 1.6　音波の屈折

図 1.7 は遮音壁による音波の回折の様子を表したもので，波長の長い音波は可視光線より回折現象が顕著です。

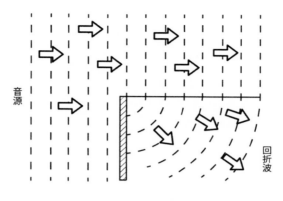

図 1.7　音波の回折

　散乱は波長に比べて小さな剛体の障害物によって起き，障害物の非圧縮性による成分と，障害物の不動性による成分があります。前者は呼吸球，後者は2重音源に相当しており，散乱による音場は障害物の代わりにこれらを置いた場合と等価になります。また，障害物から離れた点の散乱波の音圧は障害物の体積に比例し，波長の2乗に反比例します。

1.3.9　気柱振動－音響管と音響ホーン

　長さ方向に等断面の管は一般に音響管と呼ばれ，音響伝送系の基本となるものです。すなわち，波長に比べて十分小さい直径の管の中を伝播する音管は，管の長さを無限大とすると進行波ですが，有限長の管内では異なったものになります。

　図1.8は，$u_0 e^{j\omega t}$ の速度で正弦波振動をするピストンにより，一端閉の管内に気柱振動を発生させるモデルです。

　この場合，境界条件は $u_{x=0} = u_0 e^{j\omega t}, u_{x=l} = 0$ であり，式 (1.1) の1次元波動方程式から管内の粒子速度の瞬時値を求めると次式が得られます。

$$u(x,t) = \sqrt{2}u_0 \frac{\sin k(l-x)}{\sin kl} \cos \omega t \tag{1.21}$$

　ここに，$k = 2\pi/\lambda$ です。すなわち，有限長の管内では粒子速度の分布状態は $\sin k(l-x)$ に支配されており，時間 t には無関係です。このよう

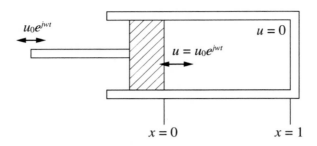

図 1.8　閉管内の気柱振動モデル [1]

な波は定在波と呼ばれ，正弦波形の変位が時間とともに移動する進行波とは異質です。また，$x = l - n\lambda/2(n = 0, 1, 2, \ldots)$，すなわち閉端部から半波長ずつ離れたところでは $\sin k(l - x) = 0$ であり，粒子速度 u は 0 になります。このような点を節と言います。そして節と節との中間で u は極大値をもち，この点が腹です。

　この有限長の音響管は，固有値をもつ定在波音場が得られることから，共鳴器として楽器などに使われます。また，長い音響管は距離減衰のない平面進行波伝搬が可能になりますから，伝声管などに使われます。これに対し，図 1.9 に示すような断面積 $S(x)$ が長さ方向に一様でない管は音響ホーンと呼ばれ，音響管の一種であるものの一般的には音響管と区別されます。

　音響ホーンの中を伝播する音波の波動方程式は音響管の場合とは少し異なり，次式のように断面積変化の項を加えた形になります。

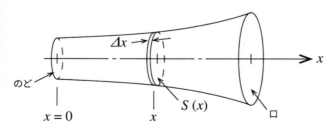

図 1.9　音響ホーン [1]

$$\frac{\partial^2 p}{\partial x^2} + \frac{1}{S}\frac{dS}{dx}\frac{\partial p}{\partial x} = \frac{1}{c^2}\frac{\partial^2 p}{\partial t^2}\Delta p \tag{1.22}$$

この波動方程式は一般には解けませんが，$S(x)$ が簡単な関数形の場合は解が得られます。その代表的なものに，$S(x) = S_0 e^{mx}$ の指数ホーンや $S(x) = S_0 x^2$ である円錐ホーンがあります。音響ホーンは一種の音響的なインピーダンス整合器として機能することから，音響放射系と組み合わせて音響出力を効率よく引き出すのに使われます。また，逆方向に使うと集音器にもなります。

1.4 遮音の理論と設計

本節では遮音の質量則，一致効果，二重壁などについて学びます。

1.4.1 壁の透過損失

(1) 吸音率と透過損失

壁に入射する音の強さを E_i とすれば，図 1.10 のようにそのエネルギーの一部 E_r が反射し，一部 E_a が壁体中に吸収され，残りの E_t が透過する，

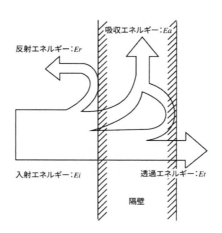

図 1.10 隔壁による吸音と遮音

と大別することができます。

すなわち

$$E_i = E_r + E_a + E_t \tag{1.23}$$

このとき吸音率は

$$\alpha = 1 - \frac{E_r}{E_i} = \frac{E_a + E_t}{E_i} \tag{1.24}$$

で定義され，反射率以外はすべて吸音と考えます。

音の透過率 τ は

$$\tau = \frac{E_t}{E_i} \tag{1.25}$$

で定義され，その逆数をデシベル単位で表して透過損失 TL と呼び，

$$TL = 10 \log_{10} \frac{1}{\tau} = 10 \log_{10} \frac{E_i}{E_t} \tag{1.26}$$

を用いるのが普通です。

(2) 隣室間の騒音伝達

透過率 τ，面積 F の間仕切りを通して，音源室から騒音が侵入する場合を考えます。

図 1.11 において，音源室のエネルギー密度が E_1 のとき間仕切り壁に入射するエネルギーは $cE_1F/4$ であり，隣室に浸入するエネルギーは $cE_1F\tau/4$ となります。

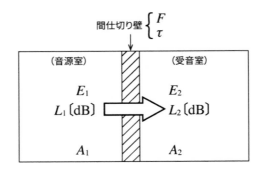

図 1.11　隣接間の騒音伝達

受音室でエネルギー密度 E_2 になったとすると，室内表面積 S として全壁面に入射するエネルギーは $cE_2S/4$，平均吸音率 $\overline{\alpha}$ として吸収されるエネルギーは $cE_2S\overline{\alpha}/4$，全吸収力 $A_2 = S\overline{\alpha}$ であるから，定常状態では，

$$\frac{c}{4}E_1F\tau = \frac{c}{4}E_2A_2 \therefore \frac{E_1}{E_2} = \frac{1}{\tau}\frac{A_2}{F} \tag{1.27}$$

です。音源室，受音室の音圧レベルを L_1, L_2 とすれば，音圧レベル差は

$$L_1 - L_2 = 10\log_{10}\frac{E_1}{E_2} = 10\log_{10}\frac{1}{\tau} + 10\log_{10}\frac{A_2}{F} = TL + 10\log_{10}\frac{A_2}{F} \tag{1.28}$$

となります。

1.4.2 単層壁の遮音に関する質量則

(1) 垂直入射の場合

無限に広がった薄い壁に，角速度 $\omega = 2\pi f$ の平面波が垂直に入射する場合を考えます（図 1.12(a)）。p_i, p_r, p_t をそれぞれ入射音，反射音，透過音の音圧とすれば，壁は両面の圧力差によって振動します。その速度を v とし，壁の単位面積あたりの質量（面密度）を m とすれば，運動の式は

$$(p_i + p_r) - p_t = m\frac{dv}{dt} \tag{1.29}$$

単弦振動の場合は $d/dt = j\omega$ とおけるから

$$(p_i + p_r) - p_t = j\omega m v \tag{1.30}$$

です。ゆえに $j\omega m = p/v$ は，壁の単位面積あたりのインピーダンスとなります。また，壁の両面に接する空気の粒子速度はともに v に等しいと考えられますから

$$\frac{p_i - p_r}{\rho c} = \frac{p_t}{\rho c} = v \tag{1.31}$$

式 (1.30)，(1.31) から

$$\frac{p_t}{p_i} = 1 + \frac{j\omega m}{2\rho c} \tag{1.32}$$

ゆえに，透過損失は

$$TL_0 = 10 \log_{10} \frac{1}{\tau} = 10 \log_{10} \left| \frac{p_t}{p_i} \right|^2 = 10 \log_{10} \left\{ 1 + \left(\frac{\omega m}{2\rho c} \right)^2 \right\} \quad (1.33)$$

一般に，$(\omega m)^2 \gg (2\rho c)^2$ ですから

$$TL_0 \approx 10 \log_{10} \left(\frac{\omega m}{2\rho c} \right)^2 = 20 \log_{10} fm - 43 \quad (1.34)$$

となって，周波数と面密度の対数に比例します。これは遮音に対する質量則と称されていて，壁の質量または周波数が 2 倍になれば TL_0 は 6dB 増加する関係です。この壁の運動を等価回路で表すと図 1.12(b) のようになります。この回路で，もし壁がなければ図 1.13(a) のようになり，壁表面の位置で存在する音圧は入射音の音圧 p_i のみとなります。もし速度が 0 となるような完全剛壁であれば図 1.13(b) のようになり，等価回路の電流は流れず回路は開放され，壁表面位置で $p_i + p_r = 2p_t$，したがって $p_r = p_t$ となります。

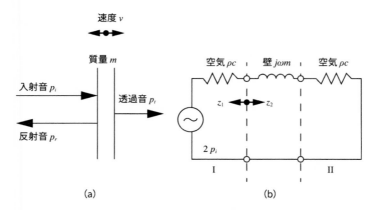

図 1.12　単層壁の遮音とその等価回路

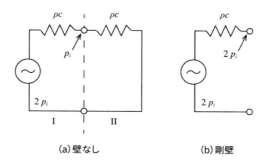

図 1.13 壁なしのときの透過回路 [2]

図 1.12(b) の回路の断面 I において，左側を見たインピーダンスを Z_1，右側を見たインピーダンスを Z_2 とすれば，壁の内部の吸音はないため式 (1.28) は $E_i = E_r + E_t$ となり，透過率 τ は $\tau = 1 - |r_p|^2 = 1 - \left|\dfrac{Z_2 - Z_1}{Z_2 + Z_1}\right|^2$ で表され，$Z_1 = \rho c, Z_2 = j\omega m + \rho c$ とおいて式 (1.33) が得られます。ただし，$r_p = p_r / p_t$ です。

(2) 乱入射の場合の質量則

次に入射角 θ のとき，同様に導いて

$$TL_\theta = 10 \log_{10} \frac{1}{\tau_\theta} = 10 \log_{10} \left(1 + \left(\frac{\omega m \cos \theta}{2\rho c}\right)^2\right) \tag{1.35}$$

となり，$\theta = 0 \sim 90°$ の場合の平均を計算すると，乱入射に対する質量則として，$TL_m \approx TL_0 - 10 \log_{10} (0.23 TL_0)$ が得られます。しかし，実際の音場では $\theta \cong 0 \sim 78°$ の範囲を計算して近似した式

$$TL_m \approx TL_0 - 5 \tag{1.36}$$

を用いた方が現実に近いことが認められています。これを音場入射質量則と称します。

(3) 一致効果

式 (1.34) の質量則は，壁が一様にピストン運動をすると仮定して導か

れました。しかし，平面板は屈曲振動を伴いますので，TL が質量則の値より低下する要因となります。図 1.14 のように，入射角 θ で波長の平面波が壁体に入射すると，壁面上では

$$\lambda_B = \frac{\lambda}{\sin \theta} \tag{1.37}$$

を波長とする音圧の強弱の縞目が壁面に沿って移動しますので，壁体は屈曲振動をし，その屈曲波が壁体を伝搬することになります。

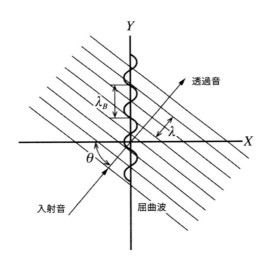

図 1.14　一重壁へ音の入射と一致（コインシデンス）効果

　一方，厚さ h の平面板の屈曲波の伝搬速度は，はりの曲げ振動から導かれ，密度 ρ，ヤング率 E，ポアソン比 ν として

$$c_B = \left(2\pi h f \sqrt{\frac{E}{12\rho\left(1 - \nu^2\right)}} \right)^{\frac{1}{2}} \tag{1.38}$$

となり周波数 f とともに増加します。そして，空気中の音速 c に対して式 (1.37) の条件が満足されるような

$$c_B = \frac{c}{\sin \theta} \tag{1.39}$$

となる周波数で，壁体の屈曲波の振幅は入射する音波の振幅と同じくらいに激しく振動するようになって遮音能力が著しく低下します。その周波数を一致周波数と言い，図 1.15 に示すように質量則を満たさないで一致周波数で谷ができる現象を，共振と区別して一致効果と称しています。

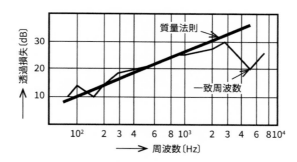

図 1.15　透過損失の測定例（3 mm 厚ガラス板）[3]

そして一致周波数は，式 (1.37)，(1.38) から

$$f = \frac{c^2}{2\pi h \sin^2 \theta} \sqrt{\frac{12\rho\,(1-\nu^2)}{E}} \tag{1.40}$$

となり，その最低周波数は $\theta = 90°$ のときで

$$f_c \approx \frac{c^2}{2\pi h} \sqrt{\frac{12\rho}{E}} \tag{1.41}$$

です。この f_c を限界周波数と言い，これより低い周波数では $c_B < c$ となって一致効果は生じませんが，より高い周波数では，適当な θ に対して必ず一致効果が生じます。

1.4.3　2 重壁の遮音

先に述べた質量則により，壁厚を 2 倍にしても単層壁の透過損失は 5〜6 db しか大きくならないことが分かります。しかも，厚さが増すと一致周波数は低音域になるので危険も増す可能性があります。これに対して，

もしも完全に独立した遮音壁が 2 重になっていて，1 つの壁で遮音された音がさらに次の壁で遮音されるとすると，全体の透過損失はそれぞれの透過損失の和となり非常に大きな減音が得られることになります。

　現実には 2 つの壁体を完全に独立させることは不可能であり，①構造的な結合と，②中間の空気層による音響的な結合とによって音の伝達があり，特にある周波数範囲では，共鳴のため単層壁より遮音が悪くなることがあります。そこで，理想状態に近づけるためには 2 つの結合をいかに遮断するかという問題が生じます。

　構造的な結合を遮断するためには，2 重壁のそれぞれを独立に支持し，また，周辺の取り付け部分を柔軟な材料で浮かせるなど，できる限り連続したり接触したりしないようにします。また，空気層による結合を遮断するには，空気層をできるだけ厚く取り，その吸音特性を空気層の共鳴周波数に同調するのがよいでしょう。また，壁の厚さを変えて一致周波数をずらしたり，一方の壁を傾斜させて明確な共鳴を生じさせないように工夫したりすることもありますが，壁はフェルトで押さえるか，ゴムのガスケットで取り付け，また，それぞれのサッシュは構造的に絶縁し，独立した 2 重壁とすることが理想です。

1.4.4　有限要素法による遮音シミュレーション

　以上は，二点マイクロフォン法 [4] などによる遮音実験で得られたものです。このような実験方法ではマイクロフォンの位置の設定に相当の検討を要します。またたとえ遮音特性が得られても供試品の構造形状や材料特性と遮音特性との関係を陽に得ることは困難であり，その特性向上のための構造特性の適正化には改めて有限要素法（以下，FEM）などを援用する必要があります。

　そこで著者らは，図 1.16 に示す 1 次元と見なせる細長い音響管に対し FEM によるシミュレーションで検討を行う方法を提唱し FEM による検討の重要性は認識できたものの，理論値と一致することはなく補正を要しました [5]。その音響管は同図に示しますように加振板を一端とする音源室と供試品を挟んで受音室を設け，それぞれの長さを同一としたものです。文献 [5] のモデルでは，受音室の他端は完全反射条件とするもので

した。

　理論値と一致しない理由はすぐには分からず今後の課題としましたが，文献 [6] で明確にできました。すなわち，音場を表すヘルムホルツの方程式を時間領域について直接解きますと，音圧は前進波と後退波の和で表現されますが，FEM ではそれらの和として得られることに気付いたのです。つまり，透過損失は式 (1.33) で示しましたように音源側の前進波音圧（入射音圧）に対する受音側前進波音圧（透過音圧）で定義されますが，文献 [5] では FEM で得られる音源側音圧を音源側の前進波音圧として使用していたからと推察しました。そこで重量が大きく遮音性が十分高い供試品では，前進波（入射音圧）と後退波（反射音圧）の大きさはほぼ等しいことから，FEM で得られる音源側音圧の 1/2 を入射音圧とし，受音側の他端を無反射境界に設定することにより，受音側では前進波（透過音圧）のみとして透過損失を求めたところ，理論値と一致する結果が得られました [6]。

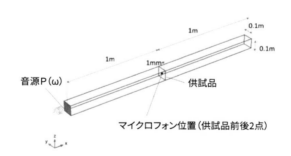

図 1.16　シミュレーションモデルとマイクロフォン位置と供試品

　しかし，この手法では吸音材貼付の効果など明らかに供試品の入射音圧と反射音圧に有意差がある場合には適用できないため，FEM で得られる値を境界条件として，前進波（入射音圧）と後退波（反射音圧）の和で表現されるヘルムホルツの理論解を利用するというこれまでにない新しい発想によるシミュレーション技術を開発しました [7]。それをここで簡単に紹介しましょう。

　図 1.16 のような音響管モデルにおいて，ヘルムホルツの方程式 (1.42) が成立します [8]。

$$\frac{\partial^2 u}{\partial x^2} = \frac{1}{c^2}\frac{\partial^2 u}{\partial t^2} \tag{1.42}$$

ここで，u は粒子速度，x は 1 次元の位置座標，t は時間を表します。式 (1.42) の解は式 (1.43) で得られます。

　粒子速度に調和運動を仮定しますと，

$$u(x,t) = Ae^{j(\omega t - kx)} + Be^{j(\omega t + kx)} \tag{1.43}$$

ここで，ω は角振動数，e はネイピア数，k は波数，j は虚数単位を表します。右辺第 1 項は粒子速度の進行波成分，第 2 項は後退波成分です。振動板付近の粒子速度の振幅を u_0 としますと $x = 0$ における粒子速度は式 (1.44) と表せます。

$$u(0,t) = u_0 e^{j\omega t} \tag{1.44}$$

遮音板付近の粒子速度の振幅を D としますと $x = l$ における粒子速度は式 (1.45) と表せます。D は複素数です。

$$u(l,t) = De^{j\omega t} \tag{1.45}$$

　これらの条件から，解 u は式 (1.46) となります。

$$u(x,t) = \frac{u_0 e^{j2kl} - De^{jkl}}{e^{j2kl} - 1}e^{j(\omega t - kx)} + \frac{De^{jkl} - u_0}{e^{j2kl} - 1}e^{j(\omega t + kx)} \tag{1.46}$$

入射音圧 $p_{in}|_{x=l}$ は，式 (1.45) で $x = l$ とした粒子速度に空気の密度 ρ，音速 c を乗じることで得られますので，式 (1.47) となります。

$$p_{in}|_{x=l} = \rho c \cdot \frac{u_0 e^{jkl} - D}{e^{j2kl} - 1}e^{j\omega t} \tag{1.47}$$

ここで，D は式 (1.44)，(1.45) から式 (1.48) で得られます。

$$D = \frac{2u_0 e^{jkl}}{1 + e^{j2kl}} + p_{x=l} \cdot \frac{1 - e^{j2kl}}{\rho c (1 + e^{j2kl})} \tag{1.48}$$

同様に反射音圧 $p_{reflect}|_{x=l}$ は，式 (1.49) となります。

$$p_{reflect}|_{x=l} = \rho c \frac{u_0 e^{jkl} - D e^{j2kl}}{e^{j2kl} - 1} e^{j\omega t} \tag{1.49}$$

式 (1.47) の入射音圧 $p_{in}|_{x=l}$ に式 (1.48) を代入して計算を更に進めると,式 (1.50) となります。

$$p_{in}|_{x=l} = \left(\rho c u_0 \frac{e^{jkl}}{e^{j2kl} + 1} + p|_{x=l} \frac{1}{e^{j2kl} + 1} \right) e^{j\omega t} = \frac{\rho c u_0 e^{jkl} + p|_{x=l}}{e^{j2kl} + 1} e^{j\omega t} \tag{1.50}$$

また,同様に式 (1.48) の反射音圧 $p_{reflect}|_{x=l}$ は,式 (1.51) となります。

$$p_{reflect}|_{x=l} = \frac{-\rho c u_0 e^{jkl} + p|_{x=l} e^{j2kl}}{e^{j2kl} + 1} e^{j\omega t} \tag{1.51}$$

式 (1.50), (1.51) に FEM により得られる振動板付近の粒子速度の振幅 u_0 と遮音板付近の音圧 $p|_{(x=l)}$ を入力することで,入射音圧 $p_{in}|_{x=l}$ と反射音圧 $p_{reflect}|_{x=l}$ を分離して得ることができます。

以上により,供試品に吸音材を添付したときの効果も確認できるようになりました。

1.4.5 有限要素法による遮音シミュレーションの適用例

ここで 100 mm 四方,板厚 0.8 mm の平板と等質量条件とした垂直コア付き平板での透過損失を検討します。このときの透過損失の算出のため,まず,式 (1.47) を用いてコア底部前 1 cm の音圧平均値を境界条件として入力波と反射波を分離します。検討モデルとしてケース (a)〜(d) の計 4 通りを図 1.17 に示す寸法で検討します。各モデルの形状は同図に示すとおりです。なお,FEM には COMSOL [9] を使用しています。

4 通りのコア付き平板の透過損失を図 1.18 に示します。500 Hz 以下ではアスペクト比最大の (d) で顕著な効果があります。(b) や (c) もピークは現れませんが 500 Hz 以下でも効果が得られており,これは次のようにコアがあることによる集音効果が低周波域で得られるためと考えています [7]。

図 1.19 はコア形状 (d) が低周波域で極大値を示す 410 Hz でのコア形状 (a)〜(d) の遮音壁前後の音響管長手方向断面の音圧分布です。各コア

Case	コア底辺の一辺の長さ	コア高さ	アスペクト比	板厚
(a)	65.5 mm	12.2 mm	0.19	0.606 mm
(b)	65.5 mm	18.3 mm	0.28	0.541 mm
(c)	65.5 mm	36.6 mm	0.56	0.408 mm
(d)	65.5 mm	54.9 mm	0.84	0.328 mm

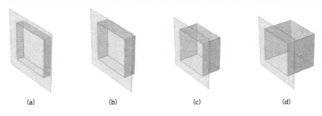

図 1.17　　高さ（アスペクト比）　(a)12.2 mm (0.19), (b)18.3 mm (0.28), (c)36.6 mm (0.56), (d)54.9 mm (0.84) の 4 つのコアモデル

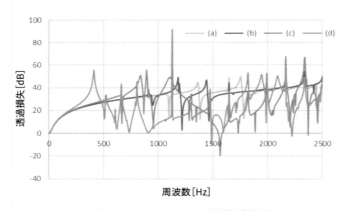

図 1.18　　4 つのコアの透過損失比較

形状において遮音壁前後で音圧に差があることや，コア内において高さが増すほどに奥行方向での音圧が高まる様子が観察されます。特に最も高さのあるコア形状 (d) の場合に遮音壁前後で大きく音圧に差があることが確認できます。コア高さを適切に選ぶことにより大きな集音効果が得られると考えられます。これは，音響室試作 [10] において大いに参考となりました。

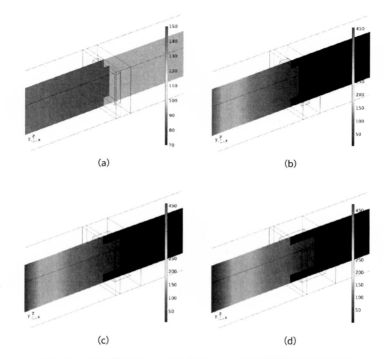

図 1.19　周波数 410 Hz 時のコア (a)〜(d) の音響管内の音圧分布

1.5　吸音の理論と設計

　本節では、吸音による音響エネルギー変換メカニズムや吸音率の定義などを学びます。

1.5.1　吸音機構の原理

(1) 吸音と遮音の比較

　遮音は音波をはね返す機構であるのに対し，吸音は音波を吸収する機構です。したがって，遮音は質量則なので高密度ほど遮音性能が向上しますが吸音材料は一般に密度が非常に小さく，当然，透過損失も小さいです。

(2) 吸音による音響エネルギー変換メカニズム

　吸音機構には，多孔質材料による吸音の他，振動吸音や共鳴吸音といった方式があります。これらは音のエネルギーを板の振動や空気の振動の摩擦熱エネルギーに転換して消費しようとするもので，吸音によるエネルギー変換のメカニズムは次の①流れ損出，②内部摩擦の 2 つに分類できます。

①流れ損失

　効果的な吸音構造は，相互につながった連続した気孔や孔をもち，音波はその中へ伝搬してきて構造体中を通過します。その伝搬中に，音波による粒子速度により，媒質（空気）と周囲の材質間との運動を起こし，結果として，境界部での流れ損失が構造体中で発生します。

②内部摩擦

　ある種の吸音材料は音波の伝搬により，圧縮されたり曲げられたりする復元性のある繊維構造や多孔質構造をもち，エネルギーの散逸は流れ損失のみならず，材質自体の内部摩擦によって発生します。

1.5.2　吸音率

(1) 吸音率の定義

　吸音率はすでに式 (1.24) で示されていますが，同一材料でも音の周波数，音の入射角，材料の背後条件などで異なり，材料固有の値ではありません。ただ実際には，各種の吸音材料の公表されている吸音率は通常，垂直入射吸音率 α_n，または残響室法吸音率 α_{SAB} で表されます。さらに本項では理論解析上，概念として重要な統計的吸音率 α_{ST} や室内全体の吸音性能を表す $\overline{\alpha}$ を加えて，(2)〜(5) で各々の定義を述べます。

(2) 垂直入射吸音率

　材料表面の法線方向から入射する平面音波に対する吸音率を垂直入射吸音率と言い，α_n で表します。垂直入射吸音率の測定方法として定在波法と残響法の 2 つの方法が用いられますが，いずれも図 1.20 の音響管が使用されます。

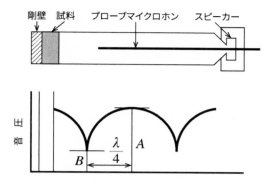

剛壁　試料　　プローブマイクロホン　　スピーカー

音圧

$\dfrac{\lambda}{4}$　A

B

図 1.20　　垂直入射吸音率を測定する音響管と管内の音圧分布

　ここでは前者の定在波法について説明します。この方法では，管の一端にスピーカーを配置して平面波を発生させ，他端にセットした試料（吸音材料）に平面波を垂直に入射させて定在波比 n を測定します。このとき垂直入射吸音率 α_n は

$$\alpha_n = \frac{4}{n + \frac{1}{n} + 2} \tag{1.52}$$

で定義されます。また，定在波比 n は，管内の定在波の山の圧力振幅を A，谷の圧力振幅を B とすれば，$n = A/B$ です。

(3) 統計的吸音率

　この吸音率は，無限の大きさの表面が完全な拡散音場（音場内の任意の点において十分長い時間観測するならば，注目する周波数範囲の平面波がどの方向からも一様な強さで入射する音場）に置かれたときに吸音されるエネルギーの割合を表す理想的な物理量です。この概念は，囲いの中の音の成長（built-up：音源を突然鳴らした後，音場音圧が次第に大きくなっていく状態）の理論解析や，隣り合う部屋間のエネルギー理論解析に用いられます。

　統計的吸音率 α_{ST} は，具体的には，吸音材料の表面に θ の入射角をもって入射する音に対する斜入射吸音率 α_θ を用いて計算されます。α_θ の求

め方としてさまざまな方法が提案されています。一般に容易でないのでここでは省略しますが，A.London は α_θ を用いないで α_n の測定値から別の統計法によって α_{ST} を求める計算式を与えています [11]。

(4) 残響室法吸音率

残響室（壁面などの音の吸収を抑え、長い残響が生じるように設計された音響実験室）法吸音率は残響度の高い音場（拡散音場）に所定の材料を入れたときと入れないときの 2 つの状態で，残響室の残響時間を使って算出される吸音率です。一般に公表されている各種吸音材料の吸音率は，ほとんど本手法による結果です。これは極めて拡散音場に近い条件下で測定されますが，試料は有限であるため，エッジ効果があることや，試料が壁面から離れて設定されることによる回り込み効果などから，残響室法吸音率が 1 を超えることがあります。しかし実際には 1 を超えることは物理的にあり得ず，単に前述の影響により，計算上 1 以上になるだけです。

(5) 室内平均吸音率

室内平均吸音率は室内全体の吸音性能を表す評価量で，拡散音場に近い定常的な音場における室内の平均音圧レベルを予測するために最も多く用いられ，次式で表されます。

$$\overline{\alpha} = \frac{\sum_{i=1}^{n} \alpha_i S_i}{S} \tag{1.53}$$

ここで，S_i は i 番目の表面の面積，α_i は i 番目の表面の吸音率，S は室内の総表面積 $= \sum_{i=1}^{n} S_i$，n は室内の吸音面の総数です。上式の分子は室内吸音力と呼ばれ，A で表されます。すなわち

$$A = \sum_{i=1}^{n} \alpha_i S_i = \overline{\alpha} S \tag{1.54}$$

です。もし，室内がインテンシティ I の拡散音場であるとすると，室内で単位時間あたり収容される音響エネルギーは次式で表されます。

$$I \sum_{i=1}^{n} \alpha_i S_i = I \overline{\alpha} S = IA \tag{1.55}$$

1.6 聴覚と音声

本節では，音声通信系の端末である人の聴覚の構造と，音声の発生機構に関する記述を行います。

1.6.1 耳の構造と機能

人間による音の知覚は，耳という精巧な受音器があって初めて成り立っています。耳の構造は，図 1.21 に示すように外耳，中耳，内耳の 3 つに大別できます。外耳は，集音器である耳介と伝声管に相当している外耳道からなり，外耳道の終端に鼓膜があります。外耳道は直径 7 mm，長さ 27 mm 程度の管で，3000 Hz 付近に共鳴周波数をもっています。中耳と外耳とは鼓膜でつながっており，鼓膜は長軸 10 mm，短軸 8.5 mm 程度の楕円状の厚さ 0.1 mm の薄膜です。また，内面の中心を外れたところに耳小骨という小さな骨が付着しています。耳小骨は鼓膜の振動を内耳に伝えるためのインピーダンス整合の役割を果たしています。

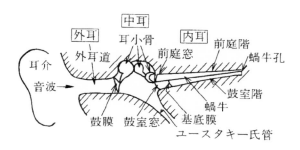

図 1.21 人の聴覚器官

内耳は，リンパ液を満たした全長 30 mm の偏平の長い管が 2 と 4 分の 3 回転している蝸牛を形成し，基底膜によって仕切られた前庭階と鼓室階をもっています。前庭階は一端で前庭窓により機械的に駆動されます。他端は蝸牛孔により鼓室階に通じています。その動作のメカニズムは次のようなものです。リンパ液が前庭窓から駆動されると，進行波が基底膜と相

互に作用しながら前庭階を伝播します。この場合，基底膜（神経が通っています）の最大振幅となる位置が周波数によって異なり，結局，周波数スペクトルは空間スペクトルの形に変換されて分析されます。図 1.22 は，この蝸牛の 2 次元モデルです。

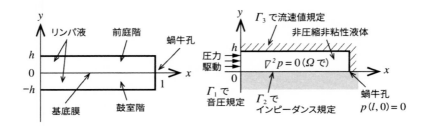

図 1.22　　2 次元蝸牛モデル [12]

リンパ液が非圧縮，渦なしの完全流体であるとし，液体の圧力を p とすれば，ラプラスの方程式

$$\nabla^2 p\,(x, y) = o \tag{1.56}$$

が成立します。基底膜を中心にして前庭階，鼓室階が対称であるとすると，図 1.22(b) に示すように，基底膜，前庭窓，鼓室窓を除く壁面を剛壁として，基底膜にインピーダンスを与えるという境界条件で解析がなされます。

本解析は，駆動周波数によって基底膜変位の最大となる位置が異なる応答を示し，すでにこの段階で音の周波数分析とレベルの検出が一部行われることを裏付けています。基底膜により検出された音に関する情報は，聴神経を経由して大脳に刺激として伝えられ，音として知覚されます。なお聴神経は，単に音に関する情報を伝えるだけでなく，抑圧効果や順応現象を起こし，音色や高度の知覚を引き出す機能も有しています。

1.6.2　発生発話機構

　声道は，声門から口唇に至る音波伝達路です。その様子を図 1.23 に示します。

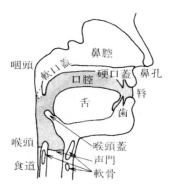

図 1.23　人の声道系

　肺から送られた空気は喉頭，咽頭を通り，口腔あるいは鼻腔を経て外部に放出されます。音声に必要な交流成分の発生は，有声音では声帯の振動，無声音では声道の一部で起こる摩擦や乱流によります。口腔内では，下顎，舌，唇などの運動によって声道の形や内容積を変化させ，種々のスペクトルや時間構造をもった言語音が生成されます。

　声帯は普段は開いていますが，発声しようとするときは一旦閉じて気管の圧力を上げ，急に開くと圧力が下がり，また，閉じて再び圧力が上がります。このようにして振動が発生し，その振動波形（声門の開口面積）は図 1.24 のようになります。

　すなわち休止時間をもつ三角波状となり，その周期が基本周波数であり多数の高調波が含まれます。また，基本周波数が高くなりますと，声門閉鎖時間は短縮され，正弦波に近い波形となります。声帯の振動波形は音韻の種類によってあまり変わらないことから，主として声質や音色の個人差に関係するものと見られます。

　声道は，断面の形と面積とが連続的に変わる一種の音響管で，その途中

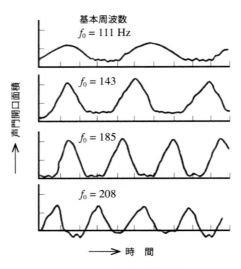

基本周波数
$f_0 = 111$ Hz

$f_0 = 143$

$f_0 = 185$

$f_0 = 208$

声門開口面積 →

→ 時　間

図 1.24　基本周波数と生態振動波形 [1]

から鼻腔にも分岐しています。この音響管を励振すると，その伝達イン
ピーダンスに応じて出力波形には共振および反共振周波数が生じます。こ
のような声道の形を整える調音には生理的・時間的制約があり，連続音声
の発話速度が制限されます。声道に関わるシミュレーションはまだ十分で
はありませんが，後続の章で説明されるシミュレーション技術によってさ
らに詳細な検討と可視化がなされていくかと思われます。

1.7　まとめ

　本章で述べた事項は，第 2 章以降で紹介するシミュレーション技術を構
築する上でも，シミュレーションの妥当性を確認する上でも極めて貴重な
情報です。第 2 章以降のシミュレーションで解を得た際の考察にも役立
つものです。特に音・振動は，深く人間のフィーリングとも関係し，ウェ
ルビーイングな世界の構築のためにも本章の基盤の知識をふんだんに活用
し大規模モデルと照合しながら，よりよい環境の構築を目指しましょう。

参考文献

[1] 西山静雄，池谷和夫，山口善司，奥島基良：『音響振動工学』，コロナ社 (1979)

[2] 前川純一：『建築音響』，共立出版 (1978).

[3] 五十嵐寿一責任編集：『音響と振動』，共立出版 (1968).

[4] 大賀寿郎，山崎芳男，金田豊：『音響システムとディジタル処理』，コロナ社 (1995).

[5] 石田祥子，森村浩明，五島庸，萩原一郎：有限要素法による新しい透過損失算出手法，日本機械学会論文集，Vol.80, No.813 (2014), DOI: 10.1299/transjsme.2014dr0127.

[6] 阿部綾，屋代春樹，萩原一郎，有限要素法を用いた垂直入射遮音シミュレーション技術の開発と軽量コアへの適用，『日本機械学会論文集』，Vol.86, No.891, DOI: 10.1299/transjsme.20-00126 (2020).

[7] Abe, A. and Hagiwara, I. : Development of New Sound Insulation Simulation Technology Using Finite Element Method for Efficiency of High Aspect Ratio Core in Low Frequency Range, *International Journal of Mechanical Engineering and Applications*, Vol.10, No.1, pp.7-16 (2022-2).

[8] 鈴木陽一，赤木正人，伊藤彰則，佐藤洋，苣木禎史，中村健太郎，日本音響学会編：『音響学入門』, pp.170-191，コロナ社 (2011).

[9] COMSOL Multiphysics v. 5.5. www.comsol.com. COMSOL AB, Stockholm, Sweden (2019).

[10] 山崎桂子，米大海，橋口真宜，萩原一郎：折り畳みと軽量化の両立する遮音シェード構造の検討，日本機械学会計算力学講演会（2023 年 10 月）.

[11] London, A. : The Determination of Reverberant Sound Absorption Coefficients from Acoustic Impedance Measurements, *J.Acoustic.Soc.Am.*, Vol.22, p.263 (1950).

[12] 加川幸雄：『有限要素法による振動・音響工学』，培風館 (1981).

第 2 章

モード合成法を
ベースとする
新しい解析技術

2.1　はじめに

　構造物の振動や室内の騒音には固有周波数があり，その応答値は固有モードの和となります。このことから，モード合成法の定式化の検討は19 世紀から始まっています。低次のモードは構造全体の振動を，高次は局部振動を表します。全体をつかむ目的では，高次は省略できると考え，1945 年の Williams のモード加速度法 [1] が誕生するまでは，モード変位法と称される高次のモードを省略するものが一般的でした。

　しかしこれだとやはり精度が悪く，省略する高次モードをまとめて補正項とするモード加速度法によりモード合成の精度が飛躍的に向上しました。各部をモード加速度法で表現し，それらを足し合わせて全体の振動や音のモデルとする部分構造合成法や区分モード合成法と称される手法がSDRC 社などから示され，大きな話題となり，関連のおびただしい数の論文が日本機械学会や自動車技術会中心に発表されるようになりました。

　これと前後して，汎用市販ソフトなどにこれらの手法がインストールされるようになりました。この少し後に，高次の他，低次のモードも省略して補正する馬－萩原法 [2] が誕生しました。パラメータを変えるだけで，馬－萩庭法の定式から，モード加速度法やモード変位法も表現できるという意味で最も汎用的なものとなります。これがいかにモード加速度法を凌駕するものであるかを本章で記しています。

　室内の騒音はエンジン音や風切音などの空気伝搬音の他，車室を囲む構造の振動により発生する固体伝播音の和となります。空気の弾性率と車室を囲むパネルの弾性率を比較しますと，段違いに後者が大きく，パネルが振動して音になるのですが，パネルの板厚は薄いこともあり，室内の音が室内を囲む構造振動に影響を与える典型的な連成問題となります。有限要素法が解析技術として最も使用されているのは，最終的に得られるマトリクスは対称であり，対角項からある幅以上離れた成分はゼロというバンド性を有し，マトリクス演算が極めて効率よくなされるからです。ただ，上述の連成問題ではバンド性も対称性もなくなり，左右の固有モードが異なり，モード解析も容易ではありません。

　これに関しましても著者らは解決しており [3]，これについても本章で

述べます。

2.2 構造-音場連成系の数理

　車室内の音はエンジン音のように直接に音が伝わってくる空気伝搬音と，エンジンマウントやタイヤからの入力がサスペンションを介してフローアなど客室を囲む車体パネルを加振して生じるエンジンノイズやロードノイズ，また，空気力がルーフやドアーなどを加振して生ずる空力騒音など，いずれも車室を囲むパネルの振動で生ずる固体伝搬音からなります。

　車室内を V とし，その境界である車室壁 S は有限個の要素 $S_i\,(1 \leq i \leq l)$ で作られているものとします。車室内の音圧 $p(t, x, y, z)$ は次の波動方程式で表現されます。

$$\frac{\partial^2 p}{\partial t^2} = c^2 \Delta p \tag{2.1}$$

ここに，c は音速，Δ はラプラス作用素と称され，$\Delta = \frac{\partial^2}{\partial x^2} + \frac{\partial^2}{\partial y^2} + \frac{\partial^2}{\partial z^2}$ です。

　各パネル S_i における面外振動を記述するのは，次の重調和項をもつ非定常方程式です。

$$\mu_i \frac{\partial^2 w_i}{\partial t^2} = -D_i (\Delta_i)^2 w_i + F_i + G_i \ (\text{in } S_i) \tag{2.2}$$

ここで，w_i は S_i の面外方向の変位であり，D_i はその曲げ剛さ，μ_i は単位面積あたりの重量です。F_i は車室内からの空気圧力による加振力であり，G_i はその他の外力による加振力です。また，Δ_i は面内直交座標系 x_i, y_i による2次元のラプラス作用素です。

　相隣り合うパネル同士間の接続条件として，式 (2.2) に対応して次の形の弱定式化の式が成立する場合を考えます。

$$\sum_{i=1}^{l} \mu_i \int_{S_i} \frac{\partial^2 w_i}{\partial t^2} W_i dS + \sum_{i=1}^{l} D_i \int_{S_i} \frac{\partial^2 w_i}{\partial t^2} (\Delta_i w_i)(\Delta_i W_i) dS$$

$$= \sum_{i=1}^{N} (F_i + G_i)\, W_i dS \tag{2.3}$$

$W = \{W_i\}_{1 \le i \le l}$ は境界 S 上で定義され，必要な回数の微分可能性を有するとします。ここで，次の 2 つの連成条件を導入します。

$$\frac{\partial \boldsymbol{p}}{\partial n} = -\rho \frac{\partial^2 w_i}{\partial t^2} \,(onS_i)$$
$$F_j = \boldsymbol{p}\,(onS_j) \tag{2.4}$$

式 (2.4) において，$\partial/\partial n$ は境界 S における外向き法線微分を表し，ρ は空気の密度を表します。ガレルキン近似法の標準的な手法に従って，この連成問題である式 (2.1)〜(2.4) を離散化すると，$\ddot{u} = d^2 u/dt^2$ として

$$M\ddot{u} + C\dot{u} + Ku = f \tag{2.5}$$

の形の 2 階の常微分方程式系が得られます。

ここで，連成問題の解 $\mathbf{w}$ と $\boldsymbol{p}$ を同じ文字で離散化問題の解を表すとして，$u = (u_s, u_a)^T = (\mathbf{w}, \boldsymbol{p})^T$ とします。このとき $M = \begin{bmatrix} M_{ss} & 0 \\ M_{as} & M_{aa} \end{bmatrix}, K = \begin{bmatrix} K_{ss} & K_{sa} \\ 0 & K_{aa} \end{bmatrix}$ と表され，連成条件式 (2.4) から

$$M_{as} = -K_{sa}^{\,T} \tag{2.6}$$

が成立します。上記の各行列は実対称行列で，添え字 s と a はそれぞれ構造系と音場系であることを示します。式 (2.5) を解く方法として，これまで MacNeal らの方法 [4] と萩原らの方法 [3] の 2 つの方法が提案されています。

2.2.1　MacNeal らの方法

式 (2.5) を構造系，音場系それぞれのモード座標系に座標変換して

$$\begin{bmatrix} m_s & 0 \\ m_{as} & m_a \end{bmatrix} \left\{ \frac{\ddot{\boldsymbol{\varepsilon}}_s}{\ddot{\boldsymbol{\varepsilon}}_a} \right\} + \begin{bmatrix} k_s & k_{sa} \\ 0 & k_a \end{bmatrix} \left\{ \left\{ \frac{\boldsymbol{\varepsilon}_s}{\boldsymbol{\varepsilon}_a} \right\} \right\} = \left\{ \frac{\mathbf{f}_s}{\mathbf{f}_a} \right\} \tag{2.7}$$

を得ます。ここで，ϕ_s を構造系のモード座標，ϕ_a を音場系のモード座標

とすると

$$u_s = \phi_s \boldsymbol{\mathcal{E}}_s, u_a = \phi_a \boldsymbol{\mathcal{E}}_a, m_s = {\phi_s}^T M_{ss} \phi_s, m_a = {\phi_a}^T M_{aa} \phi_a, m_{as}$$
$$= {\phi_a}^T M_{as} \phi_s, k_s = {\phi_s}^T K_{ss} \phi_s, k_a = {\phi_a}^T K_{aa} \phi_a \tag{2.8}$$

です。次に，$f_a = 0$ とし，自由度数を 2 倍にして対称化のための座標変換を行い，次式を得ます [4]。

$$\begin{bmatrix} m_s & 0 & 0 & 0 \\ 0 & 0 & 0 & 0 \\ 0 & 0 & \mathrm{k}_a^{-1} & 0 \\ 0 & 0 & 0 & 0 \end{bmatrix} \begin{pmatrix} \ddot{\boldsymbol{\mathcal{E}}}_s \\ \hline \ddot{\varsigma} \\ \hline \ddot{\eta} \\ \hline \ddot{\lambda} \end{pmatrix} + \begin{bmatrix} k_s & 0 & 0 & m_{as}^T \\ 0 & \mathrm{m}_a^{-1} & -\mathrm{m}_a^{-1} & -I \\ 0 & -\mathrm{m}_a^{-1} & \mathrm{m}_a^{-1} & 0 \\ m_{as} & -I & 0 & 0 \end{bmatrix} \begin{pmatrix} \boldsymbol{\mathcal{E}}_s \\ \hline \varsigma \\ \hline \eta \\ \hline \lambda \end{pmatrix} = \begin{pmatrix} \mathbf{f}_s \\ \hline 0 \\ \hline 0 \\ \hline 0 \end{pmatrix}$$
$$\tag{2.9}$$

ここに，対称方程式

$$\varsigma = m_{as} \boldsymbol{\mathcal{E}}_s, \lambda = -\boldsymbol{\mathcal{E}}_a, m_a^{-1} \eta = m_a^{-1} \varsigma - \lambda$$

のモード解析を行うことによって，式 (2.10) が得られます。

$$\left\{ {\boldsymbol{\mathcal{E}}_s}^T, \varsigma^T, \eta^T, \lambda^T \right\}^T = \sum_{i=1}^{n} \psi_i p_i \tag{2.10}$$

ここで p_i は $m_i \ddot{p}_i + k_i p_i = f_i \, (i = 1, 2, \ldots, n)$ から得ます。

2.2.2 萩原らの方法

式 (2.5) を書き直すと，

$$M_{ss} \ddot{u}_s + K_{ss} u_s + K_{sa} u_a = f_s$$
$$M_{as} \ddot{u}_s + K_{ss} \ddot{u}_a + K_{aa} u_a = 0$$

となります。2 階連立常微分方程式 (2.5) に対応する一般固有値問題

$$K\phi = \lambda M \phi \tag{2.11}$$

を考察してみます。合わせて，この転置問題

$$K^T \phi = \mu M^T \phi \tag{2.12}$$

を考えます。あるいは同じことですが，左固有ベクトルを求める一般化固有値問題 $\phi^T K = \mu \phi^T M$ を考えます。ここで M_{ss} は正定値です (a)。M_{ss} と K_{ss} は N_s 次正方行列であり M_{aa} と K_{aa} は N_a 次正方行列とします。M_{as} は長方行列です。一般に N_s 次の複素縦ベクトルを ϕ_s，N_a 次の複素縦ベクトルを ϕ_a などで示すと，条件 (a) は ϕ_s が零ベクトルでなければ

$$(M_{ss}\phi_s, \phi_s) > 0 \tag{2.13}$$

となります。ここで，次のような複素内積を用いています。

$$(\phi_s, \psi_s) = \sum_{j=1}^{N_s} \phi_s(j)\, \psi_s(j),$$
$$\phi_s = \{\phi_s(j)\}_{1 \le j \le N_s},$$
$$\psi_s = \{\psi_s(j)\}_{1 \le j \le N_s}$$

　まず，一般固有値問題である式 (2.11)，式 (2.12) は同じ固有値を有することに注意しましょう。実際，K と M は実行列ですから，それぞれの固有方程式において $det(K - \lambda M) = det(K^T - \lambda M^T)$ となります。さらに次の命題を得ることによって，連成系でのモード合成法の適用が可能となりました [3]。

【命題 1】　右および左固有値問題のすべての固有値および固有ベクトルは常に実数です。

【命題 2】　左固有ベクトル $\psi^T = (\psi_s{}^T, \psi_a{}^T)$ は，右固有ベクトル $\phi^T = (\phi_s^T, \phi_a{}^T)$ によって次式で求められます。

$$\psi^T = \left(\phi_{si}{}^T, \frac{1}{\lambda_i}\phi_{ai}{}^T\right) \tag{2.14}$$

【命題 3】　連成系の直交条件
　$\psi_i{}^T M \phi_j = 0, \psi_i{}^T K \phi_j = 0 \ (\text{for } i \ne j)$ は式 (2.14) を用いると次式で表されます。

$$\phi_{si}{}^T K_{ss} \phi_{sj} + \phi_{si}{}^T K_{sa} \phi_{aj} + \frac{1}{\lambda_i}\phi_{ai}{}^T K_{aa} \phi_{aj} = 0$$

$$\boldsymbol{\phi}_{si}{}^{T} M_{ss} \boldsymbol{\phi}_{sj} + \frac{1}{\lambda_i} \left(\boldsymbol{\phi}_{ai}{}^{T} M_{as} \boldsymbol{\phi}_{sj} + \boldsymbol{\phi}_{ai}^{T} M_{aa} \boldsymbol{\phi}_{aj} \right) = 0 \ (\text{for } i \neq j)$$

(2.15)

【命題 4】 右固有ベクトルの質量に関する正規化条件 $\boldsymbol{\psi}_i{}^{T} M \boldsymbol{\phi}_i = 1$ は，式 (2.15) を用いると

$$\boldsymbol{\phi}_{si}{}^{T} M_{ss} \boldsymbol{\phi}_{si} + \frac{1}{\lambda_i} \left(\boldsymbol{\phi}_{ai}{}^{T} M_{as} \boldsymbol{\phi}_{si} + \boldsymbol{\phi}_{ai}^{T} M_{aa} \boldsymbol{\phi}_{ai} \right) = 1$$

(2.16)

で表されます。

本方法により，これまではこの連成系の解析の主流であった MacNeal らによる手法のように，自由度数を 2 倍にすることなく，係数行列を対称化することが可能となりました。

2.3 連成系におけるモード合成法の表現

本節ではモード合成法としてすでに定式化されているモード変位法、モード加速度法、馬 - 萩原法の定式を示し、馬—萩原法の優秀性を例題で示します。

2.3.1 モード変位法

ここで展開するものは連成系にもそのまま利用できますが，簡単のために，構造系とします。

モード変位法は式 (2.17) で表現されます。

$$\boldsymbol{u} = \sum_{i=1}^{n} \boldsymbol{\phi}_i q_i$$

(2.17)

ここに $\boldsymbol{\phi}_i$ は系の固有ベクトルで，q_i はモード変位座標です。n は応答変位を求める際に利用する固有ベクトル数で，一般に n は系の全自由度数 N よりはるかに小さいです。

式 (2.17) を式 (2.5) に代入して左から $\boldsymbol{\phi}_i{}^{T}$ をかけ，また，$\boldsymbol{\phi}_i{}^{T} C \boldsymbol{\phi}_j = 0 \ (\text{for } i \neq j)$ を用いれば，

$$m_i \ddot{q}_i + c_i q_i + k_i q_i = f_i \, (i = 1, 2, \ldots, n) \tag{2.18}$$

が得られます。ここに，

$$m_i = \phi_i{}^T M \phi_i, \ c_i = \phi_i{}^T C \phi_i, \ k_i = \phi_i{}^T K \phi_i, \ f_i = \phi_i{}^T F \tag{2.19}$$

です。構造‐音場連成系の場合では，式 (2.17) を用いれば，式 (2.18) と同じようにモード座標に関する方程式が得られますが，係数 m_i, c_i, k_i, f_i の表現は式 (2.20) となります。

$$m_i = \psi_i^T M \phi_i, c_i = \psi_i^T C \phi_i, k_i = \psi_i^T K \phi_i, f_i = \psi_i^T F \tag{2.20}$$

ここに，ψ_i は系の左固有ベクトルであり，ϕ_i との関係については前節で述べたとおりです。

　以下では，構造系と連成系の検討を統一するために，左固有ベクトルと右固有ベクトルを用いて検討を行います。ただし，単なる構造系の場合には $\psi_i = \phi_i$ となります。

　周波数応答解析の場合には，$f = F e^{j\Omega t}$，$u = U e^{j\Omega t}$ とすれば

$$U = \sum_{i=1}^{n} \phi_i Q_i, Q_i = \frac{\phi_i{}^T F}{m_i \left(\omega_i^2 + 2j\omega_i \Omega - \Omega^2 \right)} \tag{2.21}$$

が得られます。ここに，Ω は入力 f の周波数，$\omega_i = \sqrt{k_i/m_i}$ は系の固有角振動数，$\xi_i = c_i/(2m_i\omega_i)$ はモード減衰比，$j = \sqrt{-1}$ です。簡単のために，以下では $m_i = 1$ とします。モード合成法を利用する最大の利点は，少数のモード座標で複雑かつ大規模な系の動力学的な特性を近似的に表すことができることにあります。

　ところがモード変位法では，低周波の変位の精度はともかく，変位の 1，2 階微分で得られる応力値の精度は変位の精度より悪く実用に耐えません。構造‐音場連成系の音圧は構造の面外変形の 2 階微分が外力となるため，音圧の精度は構造の変位より悪くなります。そこで，精度の良い応力値および音圧値を得るには，省力されたモードに対しての補償方法を考える必要があります。

2.3.2　モード加速度法

　モード変位法の精度を改善するために，1945 年に Williams によって

モード加速度法が提案されて [1] 以来，定評ある市販システムに採用されてきています。

　モード変位法の式 (2.17) によって得られる近似解を $\overline{u}$ とします。なおここでは，$n+1$ から全自由度数 N までの高次モードの影響は完全に無視されています。モード加速度法は次のように得られます。

　まず，式 (2.5) は次のように書けます。

$$u = K^{-1} \left(f - C\dot{u} - M\ddot{u} \right) \tag{2.22}$$

　式 (2.22) の右辺の u をモード変位法の解

$$\overline{u} = \sum_{i=1}^{n} \phi_i q_i \tag{2.23}$$

で近似すると，式 (2.22) は，

$$u = K^{-1} \left(f - C\dot{\overline{u}} - M\ddot{\overline{u}} \right) \tag{2.24}$$

となります。そして式 (2.23) を式 (2.24) に代入して

$$K^{-1}M\phi_i = \frac{1}{\omega_i{}^2}\phi_i, \, K^{-1}C\phi_i = \frac{2\xi_i}{\omega_i}\phi_i \tag{2.25}$$

を利用すると，

$$u = K^{-1}f - \sum_{i=1}^{n} \frac{2\xi_i}{\omega_i}\phi_i\dot{q}_i - \sum_{i=1}^{n} \frac{1}{\omega_i{}^2}\phi_i\ddot{q}_i \tag{2.26}$$

が得られます。

　また，周波数応答解析の場合では，モード加速度法による解 U は次のように得られます。

$$U = K^{-1}F + \sum_{i=1}^{n} \frac{\Omega^2 - 2j\xi_i\omega_i\Omega}{\omega_i{}^2}\phi_i Q_i \tag{2.27}$$

　式 (2.27) に示すように，右辺の第 1 項は静力学的な解で，第 2 項は 1 次から n 次までのモードの重畳和を示します。すなわち，第 i 次モードが無視された場合では，モード変位法の式 (2.17) による絶対誤差を $e_i{}^s = |\phi_i Q_i|$ とすると，同じモードが無視されたときの式 (2.27) の絶対

誤差は

$$e_i{}^a = \frac{\sqrt{\Omega^4 + 4\xi_i{}^2\omega_i{}^2\Omega^2}}{\omega_i{}^2} e_i{}^s \qquad (2.28)$$

となり，式 (2.28) によりもし

$$\omega_i > \sqrt{2\xi_i{}^2 + \sqrt{1 + 4\xi_i{}^4}} \ \Omega \qquad (2.29)$$

($\xi_i = 0$ のときには $\omega_i > \Omega$) であれば，モード加速度法の誤差 $e_i{}^a$ は，モード変位法の誤差 $e_i{}^s$ より小さくなります。ところが，式 (2.28) に示すようにもし省略されたモードが入力周波数より低次のモードであれば，モード加速度法の誤差 $e_i{}^a$ は，モード変位法の誤差 $e_i{}^s$ より大きくなります。したがって，モード加速度法は低次モードの省略に適用できないことが分かります。

2.3.3　馬‑萩原のモード合成法

　車室内騒音で問題となる周波数帯域は 60〜300 Hz あたりであり，音のモード数はこの周波数帯域ではさほど多くはありませんが，パネルの曲げ振動はすでに 60 Hz にして数百番目のモードとなっています。このように扱う音と振動のモード数が異なるのは，音は空間方向 2 階微分のヘルムホルツ方程式で表現されるのに対し，曲げ振動は空間方向 4 階微分の板曲げが基本であり，客室を囲むパネル振動の精度確保にはかなり詳細な要素分割を必要とするからです。また，客室の形状が決まると各車特に気になる下げたい周波数帯域が明確となります。

　例えば，110〜150 Hz の車内音を特に下げたいというような要望や課題が生じたとします。この場合まず周波数領域の音圧を下げるため応答値（音圧）を求めますが，その求め方に直接周波数応答法とモード周波数応答法があります。前者の直接周波数応答法は，周波数のある刻み幅で応答値を求める方法です。これは連立方程式を刻み幅ごとに解いていくもので，LU 分解などを利用して解いていっても自動車車体あるいは車両モデルともなると扱う行列の次数は膨大であり，相当の計算時間が必要となります。

　後者のモード周波数応答法はモード表現そのものですが，モード加速度法が企業などで最もよく使用されています。MSC/NASTRAN やANSYS などで利用されています。モード周波数応答法の方が直接周波数応答法より実用性が期待されそうですが，実際に使用してみますと，これもとても実用的とは言えないことに気付きました。モード加速度法は上述のように，低周波からモードを重ね合わせ高周波は省略して補正するものです。つまり，下から何百次までのモードを厳密に求める必要があるわけで，モード加速度法でも上記の要求に応えることはとても困難であるということは明白です。ここで「低次も高次も省略できる馬‐萩原のモード合成法 [2]」が出番となります。

　高次に加え低次も省略できる馬‐萩原法はどのようなものかを見ていきましょう。精度良く応答値を求めたい周波数領域を $[\omega_a, \omega_b]\,(\omega_a < \omega_b)$ とします。まず，m と n を解析に用いられる固有モードの最小と最大の番号とします。ここに，m は $\omega_m < \omega_a$ を，n は $\omega_b < \omega_n$ を満たします。さて，厳密な周波数応答解は次のように書けます。

$$U = \sum_{i=m}^{n} \phi_i Q_i + U_r \tag{2.30}$$

ここに U_r は，省略されたモード $\phi_i\,(i = 1, \ldots, m-1, n+1, \ldots, N)$ の影響を表す周波数応答の剰余成分で，

$$U_r = \left(\sum_{i=1}^{m-1} + \sum_{i=n+1}^{N} \right) \phi_i Q_i \tag{2.31}$$

$$Q_i = \frac{\phi_i{}^T F}{\omega_i{}^2 + 2j\omega_i\Omega - \Omega^2} \; (i = 1, \ldots, m-1, n+1, \ldots, N) \tag{2.32}$$

です。ここで ω_c をある与えられた定数の角振動数とし，式 (2.32) を $\Omega = \omega_c$ の点でテーラー展開すると，

$$Q_i = \frac{\phi_i{}^T F}{\omega_i{}^2 + 2j\omega_i\omega_c - \omega_c{}^2} \left(1 + z_i + z_i{}^2 + \ldots \right) \approx \frac{\phi_i{}^T F}{\omega_i{}^2 + 2j\omega_i\omega_c - \omega_c{}^2} \tag{2.33}$$

が得られます。ここに，

$$z_i = \frac{\Omega^2 - \omega_c{}^2 - 2j\xi_i\omega_i\,(\Omega - \omega_c)}{\omega_i{}^2 + 2j\xi_i\omega_i\omega_c - \omega_c{}^2} \tag{2.34}$$

です．式 (2.33) の収束条件は

$$|z_i| < 1 \tag{2.35}$$

となります．式 (2.33) を式 (2.31) に代入すると

$$U_r \approx GF = U_r' \tag{2.36}$$

が得られます．ここに，G は剰余フレキシビリティ行列と呼ばれ

$$G = \left(\sum_{i=1}^{m-1} + \sum_{i=n+1}^{N}\right) \frac{\phi_i\overline{\phi_i}{}^T}{\omega_i{}^2 + 2j\omega_i\Omega - \omega_c{}^2} \tag{2.37}$$

です．G は負荷の周波数に依存しないので，式 (2.36) のように省略された低次と高次モードの影響，すなわち U_r は，準静力学的応答 U_r' によって近似されます．ところが，省略したモード $\phi_i\,(i = 1,\dots,m-1,n+1,\dots,N)$ は求めなくてよいようにしたいので，式 (2.36) の剰余フレキシビリティ行列 G は式 (2.37) のままでは求まらないわけです．

　そこで，G の計算方法について検討します．行列 $\left(K + j\omega_cC + -\omega_c{}^2M\right)^{-1}$ を系の固有モードに展開すると，次の式が得られます．

$$\left(K + j\omega_cC - \omega_c{}^2M\right)^{-1} = \sum_{i=1}^{N} \frac{\phi_i\overline{\phi_i}{}^T}{\omega_i{}^2 + 2j\omega_i\Omega - \omega_c{}^2} \tag{2.38}$$

したがって，剰余フレキシビリティ行列は次のように得られます．

$$G = \left(K + j\omega_cC - \omega_c{}^2M\right)^{-1} - \sum_{i=m}^{n} \frac{\phi_i\overline{\phi_i}{}^T}{\omega_i{}^2 + 2j\omega_i\Omega - \omega_c{}^2} \tag{2.39}$$

　式 (2.39) を式 (2.36) に代入して，また，その結果を式 (2.30) に代入すると，

$$U = \left(K + j\omega_cC - \omega_c{}^2M\right)^{-1} F - \sum_{i=m}^{n} \phi_iQ_i{}^d \tag{2.40}$$

が得られます。ここに，

$$Q_i^d = Q_i - \frac{\overline{\phi_i}^T F}{\omega_i^2 + 2j\omega_i\Omega - \omega_c^2} = z_i Q_i \tag{2.41}$$

です。したがってモード周波数応答の近似解は $U = U_s + U_d$ で表現されます。ここに，U_s は準静力学的な応答で，次の準静力学的な方程式

$$\left(K + j\omega_c C - \omega_c^2 M \right) U_s = F \tag{2.42}$$

によって求められます。また，U_d は補足の動力学的な応答

$$U_d = \sum_{i=m}^{n} \phi_i Q_i^d = \sum_{i=m}^{n} z_i \phi_i Q_i \tag{2.43}$$

です。

　式 (2.40) で，$m = 1$，$\omega_c \to \infty$ とすると，式 (2.40) はモード変位法の式 (2.17) によって得られる結果と等しくなります。もし $m = 1, \omega_c = 0$ とすると式 (2.40) はモード加速度法の式 (2.27) に等しくなります。以上のことを図 2.1 に表現してみます。

　なお，本モード合成法の過渡応答領域での表現は次のようになります [2]。

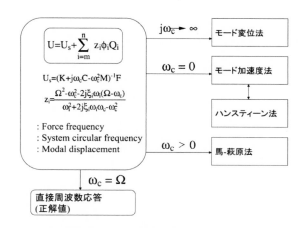

図 2.1　馬 - 萩原のモード合成法と従来のモード合成法との関係

$$U = \left(K + j\omega_c C - \omega_c{}^2 M\right)^{-1} F - \sum_{i=m}^{n} \phi_i \left(a_i q_i + b_i q_i + c_i \ddot{q}_i\right)$$

ただし,

$$a_i = \left(\omega_c{}^2 - 2j\xi_i\omega_i\omega_c\right) c_i, b_i = 2\xi_i\omega_i c_i, c_i = \frac{1}{\omega_i{}^2 + 2j\xi_i\omega_i\omega_c - \omega_c{}^2}$$

$$q_i = \frac{\overline{\phi}_i{}^T F}{\omega_i{}^2 + 2j\xi_i\omega_i\omega_c - \omega_c{}^2}$$

です。

2.3.4　モード合成法の解析例

　ここで 2.3.1 項～2.3.3 項で示した各手法の精度の比較をしてみましょう。図 2.2 は長さ 200 cm, 160 cm, 150 cm の鋼板からなる中空直方体の中の構造‐音場連成系モデルです。構造のヤング率 2.1×10^5 Pa, 密度は 0.8×10^{-6} kg/cm^3, ポアソン比は 0.3, 鈑の板厚を 0.4 cm とします。構造と音場の FEM モデルで, 箱モデルの節点数とシェル要素数はそれぞれ 98 と 96, 音場の節点数とソリッド要素数はそれぞれ 125 と 64 です。

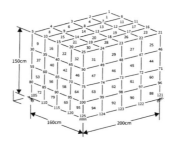

図 2.2　解析モデル

　簡単のために, まず構造と音場の物理座標をそれぞれモード座標系に変換して連成系の解析を行います。構造系に 53 個のモード座標, 音場系に 17 個のモード座標, 全体に 70 個のモード座標を用います。次に, この

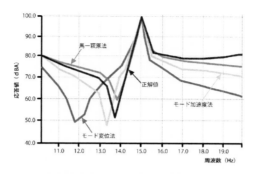

図 2.3　モード周波数応答解析結果の比較（高次のモードを無視した場合）

70 個のモード座標をもつモデルを対象に検討を行います。また，加振点を箱の 40 番目の節点の y 方向，観測点を音場の節点 32 とし，減衰の影響を無視します。図 2.3 には，1〜8 次モード (0〜22 Hz) を用いたときの低周波数領域 (10〜22 Hz) におけるモード周波数応答解析結果の比較を示します。ここに $\omega_c = 15$ Hz としています。

　同図に示すように，実線は厳密解 ($n = 70$)，点線はモード変位解，破線はモード加速度解，一点鎖線は馬‐萩原の方法の解です。図 2.3 から馬-萩原の方法を用いる場合の精度が最もよいことが分かります。

　図 2.4 には 30〜36 次モード (78〜106 Hz) を用いたときの高周波数領域 (70〜90 Hz) におけるモード周波数応答解析結果の比較を示します。

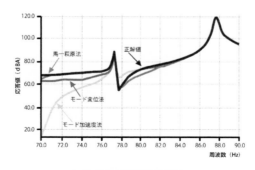

**図 2.4　モード周波数応答解析結果の比較
（高次と低次のモード両方を無視した場合）**

65

ここに $\omega_c = 80$ Hz としています。図 2.4 に示すように，低次のモード
も無視された場合では，モード加速度法の精度はモード変位法より精度が
著しく悪くなります。これは誤差解析式 (2.28) を裏付けています。これ
に対して，馬 - 萩原のモード合成法による結果は，モード変位法より精度
がよいことが分かります。

2.4　連成系の固有値・固有モード感度解析

これまでの議論で左固有ベクトルを援用すると，単なる構造系と同じ議
論ができることが分かりました。そこで固有値・固有モード感度について
もまず単なる構造系で表現を試み，得られた結果を左固有ベクトルを使っ
て機械的に書き直して連成系の表現式を求めます。

次のような構造系の固有値問題を考えます。

$$(K - \lambda_j M)\, \phi_j = 0 \tag{2.44}$$

ここに，λ_j は系の固有値，ϕ_j は固有ベクトル，K, M はそれぞれ系の剛
性行列と質量行列です。以下で，系が縮重固有値をもたないことを仮定し
ます。

単なる構造の場合には，系の固有ベクトルについて

$$\phi_i{}^T K \phi_j = 0, \phi_i{}^T M \phi_j = 0 \; (\text{for } i \neq \text{j}) \tag{2.45}$$

の直交条件と

$$\phi_i{}^T M \phi_i = 1 \tag{2.46}$$

の正規化条件が成立します。

系の設計変数を $\alpha_k\,(k = 1, 2, \ldots)$ とし，式 (2.44), (2.46) を設計変数 α_k
で偏微分すると，

$$-\lambda j' M \phi_j + (K - \lambda_j M)\, \phi_j' = -(K' - \lambda_j M')\, \phi_j \tag{2.47}$$

$$\phi_j{}^T M \phi_j' = -\frac{1}{2} \phi_j{}^T M' \phi_j \tag{2.48}$$

が得られます。ここに，$\lambda j'$, ϕ_j' はそれぞれ固有値 λ_j，固有モード ϕ_j の設計変数 α_k に関する感度です。式 (2.47) に ϕ_j の転置を左から乗じ，かつ，$\phi_j^T (K - \lambda_j M) = 0$ を利用すれば，固有値感度

$$\lambda j' = E_{jj} \tag{2.49}$$
$$E_{jj} = \phi_j^T \left(K' - \lambda_j M' \right) \phi_j \tag{2.50}$$

です。また，$\phi_j^T M \phi_j = 1$ としています。

　固有モード感度については，式 (2.47) が次のように通常の線形方程式として書けることを用いて求められます。

$$A_j \phi_j' = b_j \tag{2.51}$$
$$A_j = K - \lambda_j M, \, b_j = \lambda j' M \phi_j - \left(K' - \lambda_j M' \right) \phi_j \tag{2.52}$$

　しかし，式 (2.51) の係数行列 A_j は特異行列なので，そのままでは解が得られないわけです。そこで従来から次の方法が提案されてきています。

2.4.1　フォックスらのモード法

　フォックスらのモード法 [5] について説明します。モード変位法では，固有ベクトル感度 ϕ_j' は次のように展開することができます。

$$\phi_j' = \sum_{i=1}^n \phi_i C i j^0 \tag{2.53}$$

　式 (2.53) を式 (2.47) に代入してさらに ϕ_i^T を左から乗じ，かつ直交条件式 (2.45) を用いれば

$$C i j^0 = \frac{-1}{\lambda_i - \lambda_j} E i j \, (\text{for } i \neq j) \tag{2.54}$$

が得られます。ここに，

$$E i j = \phi_i^T \left(K' - \lambda_j M' \right) \phi_j \tag{2.55}$$

です。また，式 (2.48) を用いると，係数 $C i i^0$ は

$$C i i^0 = -\frac{1}{2} \phi_i^T M' \phi_i \tag{2.56}$$

です。フォックスらの感度解析では，高次モードの省略により感度の精度が悪くなることがあります。そのため，より正確な固有ベクトル感度を得るには，より多くのモードを計算してそれを感度解析に用いることが必要となります。これは基本的にはモード変位法の欠点によって生じたことで，フォックスらの方法の限界と言えます。これに対して，1976 年ネルソンにより提案された手法は，厳密な手法であると評価されています。

2.4.2　ネルソンの方法

ネルソンの方法 [6] とフォックスらの方法の違いは，前者ではフォックスらの方法で用いる展開式 (2.53) を使わず，式 (2.51) と式 (2.48) から直接固有ベクトルの感度 ϕ'_j を求める点にあります。系の全体自由度を N とすれば，式 (2.51) の係数行列は N 階の特異行列です。問題の解を得るため，ネルソンの方法ではまず次のような非特異方程式の解 X_j^0 を求めます。

$$\overline{A}_j X_j^0 = \overline{b}_j \tag{2.57}$$

ここに，$\overline{A}_j$ は係数行列 A_j の第 k 行と第 k 列のすべての要素を零に置き換え，k 番目の対角項を 1 にした行列で，$\overline{b}_j$ は b_j の k 番目の要素を零にしたベクトルです。また，番号 k は ϕ_j の絶対値最大の成分の番号によって決められます。そして，固有ベクトルの感度を

$$\phi'_j = X_j^0 + C_j \phi_j \tag{2.58}$$

とし，上式を式 (2.51) に代入すると，

$$C_j = -\phi_j^T M X_j^0 - \frac{1}{2} \phi_j^T M' \phi_j \tag{2.59}$$

が得られます。これに加えて K' と M' が厳密に得られますと，厳密な感度係数が得られます。ところがこのネルソンの方法では，一度に複数の固有モード感度係数が得られず非効率です。そこで筆者らは，次項に示すさらに効率的な手法を開発しました。なお，K' と M' は固有値感度のところですでに述べていますが，それぞれ K と M を系の設計変数 $\alpha_k\,(k = 1, 2, \ldots)$ で微分したものです。すなわち，$\alpha_k\,(k = 1, 2, \ldots)$ に関わる成分以外の K' と M' の要素はともに零となります。

2.4.3 萩原‐馬のモード感度解析法

萩原‐馬のモード感度解析法について説明します。まず，式 (2.51) の解は次のように得られます。

$$\phi'_j = X_j + \sum_{i=m}^{n} \phi_i C_{ij} \tag{2.60}$$

ここに，X_j は次の線形方程式

$$(K - \mu M) X_j = b_j \tag{2.61}$$

の解で，

$$C_{ij} = \frac{\lambda_j - \mu}{\lambda_i - \mu} \frac{\phi_i{}^{\mathrm{T}} b_j}{\lambda_i - \lambda_j} \tag{2.62}$$

です。式 (2.52) の b_j を式 (2.62) に代入すれば

$$C_{ij} = \frac{\lambda_j - \mu}{\lambda_i - \mu} \frac{1}{\lambda_i - \lambda_j} E_{ij} \ (\text{for } i \neq j) \tag{2.63}$$

が得られます。ここに，$i = j$ の場合は式 (2.62) により分母が 0 となるので C_{ii} は不定となります。ところが，従来のように式 (2.60) を正規化条件式 (2.48) に代入すれば

$$C_{ii} = -\phi_i^T M X_i - \frac{1}{2} \phi_i^T M' \phi_i \tag{2.64}$$

が求められます。一般の場合（$\mu = \lambda_j$ の場合を除く）には，次のような式が得られます。

$$\phi_i^T M X_j = 0 \tag{2.65}$$

よって $C_{ii} = C_{ii}{}^0$ となります。特別な μ を与えることによって，萩原‐馬のモード法 [7] は従来の感度解析手法そのものとなります。すなわち，もし $\mu \to -\infty$ とすれば，式 (2.61) により $X_j \to 0$ となり，また，式 (2.63) の C_{ij} は

$$C_{ij} = \frac{1}{\lambda_i - \lambda_j} E_{ij} = C_{ij}{}^0 \ (\text{for } i \neq j) \tag{2.66}$$

となります．したがって，萩原‐馬のモード法は従来の感度解析手法（フォックスらのモード法）そのものとなります．もし $\mu = \lambda_j$ とすれば式 (2.63) によって C_{ij} (for $i \neq j$) は零となり，式 (2.60) は

$$\phi'_j = X_j + C_{jj}\phi_j = X_j{}^0 + C_j\phi_j \tag{2.67}$$

となります．したがって，萩原‐馬のモード法は従来の感度解析手法（ネルソンの方法）そのものとなります．

また，もし $\mu = 0$ とすれば式 (2.63) の C_{ij} は

$$C_{ij} = \frac{\lambda_j}{\lambda_i}\frac{1}{\lambda_i - \lambda_j}E_{ij} \text{ (for } i \neq \text{j)} \tag{2.68}$$

となり萩原‐馬のモード法はモード加速度法をベースとするヴァングの改善モード法 [8] に一致します．以上の関係を図 2.5 に示します．

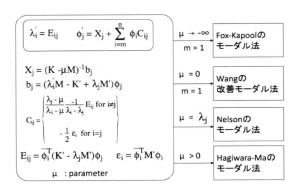

図 2.5　萩原‐馬のモード法と従来のモード法との関係

なお，これまでの非縮重系に対し，縮重系についても同様の議論ができます．すなわち，非縮重系のフォックスらの感度解析手法に対応する Chen らの方法，同じくネルソン法に対応する Ojalvo の方法，Dailey の方法などがありますが，これらの方法に対して馬‐萩原のモード合成法に基づく方法は，精度と効率の両面で優れていることが示されています [9]．ここで，萩原‐馬の有用性を見てみましょう．

2.5 萩原‐馬の固有モード感度解析式と従来の感度解析式との精度比較

　萩原‐馬の固有モード感度解析式のパラメータの数値を変えるだけで従来の感度解析式も表現できることから，萩原‐馬の感度解析式は最も汎用性の高いものであることを示します。

2.5.1 固有モード感度の解析例‐振動モード感度

　再び図 2.2 の箱モデルで検討します。まず，箱パネルの振動問題を取り上げます。要素数，節点数も上述のとおりで箱モデルの節点数とシェル要素数はそれぞれ 98 と 96，音場の節点数とソリッド要素数はそれぞれ 125 と 64 です。設計変数を箱の上面板の板厚とし，同じ平板および左側面平板の中心点の面外法線方向の固有ベクトル成分（以下では，観測点 1，2 と呼びます）について感度を求めます。

　まず，中の空気は考慮せず，表面の振動だけを見ます。表 2.1 では，低次と高次のモード両方が省略された際の 29 次の固有モードの感度を示しています。

　ここに，低次モードの影響を検討するために，$n = 53$ を一定にし，m だけ変動させます。表 2.1(a) では，観測点 1 についての結果を示します。表 2.1(a) から，29 次以下の低次モードを全部省略した場合 ($m = 29$)，フォックスらの方法，ヴァングの方法および萩原‐馬の方法 ($\mu_f = 80\,\mathrm{Hz}$ と $\mu_f = 78\,\mathrm{Hz}$) による誤差は，それぞれ 105 %，200 %，27 % と 4 % です。したがって，ヴァングの方法はフォックスらの方法よりかえって精度が低くなることが分かります。

　また，29 次以下の 2 個のモード ($m = 27$，周波数は 70.8 Hz 以上) を用いると，フォックスらの方法の誤差は 5 %，ヴァングの方法の誤差は 79 % に留まっていますが，萩原‐馬の方法 ($\mu_f = 80\,\mathrm{Hz}$ と $\mu_f = 78\,\mathrm{Hz}$) の誤差は 0.6 %，0.08 % となり大きな改善を得たことが分かります。

　表 2.1(b) は観測点 2 の感度についての解析結果で，表 2.1(a) と同様の結果を示しています。

表 2.1 低次モードの省略に関する構造系固有モード感度精度比較

$(f_{29} = 77.7.34 \text{ Hz})$

(a)（正解値 = − 15.447）観測点 1 の感度

n=53 m=	Fox 法 $(\mu=-\infty)$	Wang 法 $(\mu=0.0)$	萩原 - 馬法 $(\mu_f=80 \text{ Hz})$	萩原 - 馬法 $(\mu_f=78 \text{ Hz})$
29	0.81901	15.399	− 11.353	− 14.834
27	− 14.689	− 3.2964	− 15.349	− 15.434
20	− 15.216	− 4.0473	− 15.431	− 15.445
9	− 15.303	− 4.3019	− 15.438	− 15.446
2	− 15.371	− 8.9655	− 15.442	− 15.446
1	− 15.450	− 15.447	− 15.447	− 15.447

(b)（正解値 = − 0.79797）観測点 2 の感度

n=53 m=	Fox 法 $(\mu=-\infty)$	Wang 法 $(\mu=0.0)$	萩原 - 馬法 $(\mu_f=80 \text{ Hz})$	萩原 - 馬法 $(\mu_f=78 \text{ Hz})$
29	− 0.12418	0.80707	0.48459	0.74909
27	0.14977	2.7622	0.90246	0.81182
20	0.7664	1.6329	0.79814	0.79799
9	0.76478	1.6280	0.79800	0.79797
2	0.78295	2.2120	0.79805	0.79810
1	0.76560	0.79641	0.79807	0.79798

2.5.2 固有モード感度の解析例 – 構造 - 音場連成系の振動および音場モード感度

図 2.2 の箱の中に空気を充満した構造-音場連成系のモデルを考えます。空気のソリッドの要素数 64，節点数 125 です。構造系に 53 個のモーダル座標，音場系に 17 個のモーダル座標，全体に 70 個の一般座標を用います。そして図 2.1 に示すように，1〜10 番目の要素の板厚を設計変数とし，観測点を構造上の 40 番目節点の y 方向と音場内の 32 番目節点の位置とします。表 2.2 では，異なる μ_f の値により 2 次固有ベクトル感度の n に関する収束性を示します。上述の表 2.1 の構造系の感度解析結果と同様に，適切な μ_f を用いることによって解の収束性が著しく改善されることが分かります。

表 2.2　構造 - 音場連成系固有ベクトル感度精度比較
(a)（正解値 =0.4810）構造上節点 40 の y 座標感度

m=1 n=	$\mu_f=-\infty$ Fox 法	$\mu_f=0.0$ Wang 法	$\mu_f=9.20$ Hz 萩原 - 馬法	$\mu_f=9.27$ Hz 萩原 - 馬法
3	0.5474	0.5054	0.4817	0.4810
8	0.4729	0.4762	0.4810	0.4810
22	0.5117	0.4813	0.4810	0.4810
34	0.5014	0.4811	0.4810	0.4810
70	0.4810	0.4810	0.4810	0.4810

(b)（正解値 =9.208E-7）音場上節点 32 の感度

m=1 n=	$\mu_f=-\infty$ Fox 法	$\mu_f=0.0$ Wang 法	$\mu_f=9.20$ Hz 萩原 - 馬法	$\mu_f=9.27$ Hz 萩原 - 馬法
3	$2.216E-7$	$8.037E-7$	$9.186E-7$	$9.205E-7$
8	$2.293E-7$	$7.982E-7$	$9.183E-7$	$9.205E-7$
22	$9.860E-7$	$9.244E-7$	$9.209E-7$	$9.208E-7$
34	$7.357E-7$	$9.206E-7$	$9.208E-7$	$9.208E-7$
70	$9.208E-7$	$9.208E-7$	$9.208E-7$	$9.208E-7$

2.6　連成系における区分モード合成法

　本章冒頭で述べた SDRC 社などから示された区分モード合成法は次の考えのもとで開発されたものです。計算機の内部記憶容量などの制約から，構造全体を一度には解くことができないような大規模問題でも，構造をいくつもの小さな分系に分割することにより解析を可能にしようとするものです。分割した後，各分系内部の自由度をモード座標の導入などにより消去し，自由度を縮小した後に再び合成する，という解析手順をとります。その利点は，少ない記憶容量で大規模問題を取り扱えることに加え，一部の構造変更に対して変更しない分系は始めから解き直す必要がないこと，実験で得られるモードモデルを直接利用できることなどにあります。

　元々区分モード合成法は，構造の低次振動においては，各部分の振動形状は非常に単純になるため，これをいくつかの区分モードなどの適当な関数で近似して応答を表現しようとしたものとはいえ，従来の研究は比較的低周波の応答解析が中心となっていました。しかし，本題の例えば，車室

内騒音に代表される構造‐音場連成問題では，低次のモードも省略できることの重要さはすでに述べたとおりです。これに対して従来の区分モード合成法ではその自由度縮小の過程において，高次モードは省略できても低次モードは省略できないため，解析の対象が高次振動になればなるほど解析に必要なモード数が増加し解析モデルの詳細化と相まって解析効率の大幅な低下を招いていました。

そこで本節では，低次と高次のモードを省略可能な馬‐萩原のモード合成法をもとに，構造‐音場連成問題の区分モード合成法による定式化を行い，高周波領域の応答でも少ないモード数で解析できることを示します。

2.6.1　区分モード合成法の定式

複数の構造の分系と音場で構成される系を考えます。その運動方程式は集中質量を用い，分系内部に荷重が作用しないものとすれば次のように表せます。

$$
\begin{pmatrix}
M_{si} & \cdots & 0 & 0 & 0 \\
\vdots & \ddots & \vdots & \vdots & \vdots \\
0 & \cdots & M_{sk} & 0 & 0 \\
0 & \cdots & 0 & M_{sc} & 0 \\
M_{asi} & \cdots & M_{ack} & M_{asc} & M_{aa}
\end{pmatrix}
\begin{Bmatrix}
\ddot{u}_{si} \\
\vdots \\
\ddot{u}_{sk} \\
\ddot{u}_{sc} \\
\ddot{u}_{a}
\end{Bmatrix}
+
\begin{pmatrix}
K_{si} & \cdots & 0 & K_{sic} & K_{sia} \\
\vdots & \ddots & \vdots & \vdots & \vdots \\
0 & \cdots & K_{sk} & K_{skc} & K_{ska} \\
K_{sci} & \cdots & K_{sck} & K_{sc} & K_{sca} \\
0 & \cdots & 0 & 0 & K_{aa}
\end{pmatrix}
\begin{Bmatrix}
u_{si} \\
\vdots \\
u_{sk} \\
u_{sc} \\
u_{a}
\end{Bmatrix}
=
\begin{Bmatrix}
0 \\
\vdots \\
0 \\
f_{sc} \\
f_{a}
\end{Bmatrix}
$$

$$(2.69)$$

ここに，係数行列の添え字 $i(=1,2,\ldots,k)$ は分系の番号を，c は分系相互の結合部分の自由度に対応することを示します。

式 (2.69) より 1 つの構造の分系 I 内部に関する運動方程式を取り出すと，外部との相互作用に関する項を右辺に置いて，次のように書き表すことができます。

$$[M_{si}]\{\ddot{u}_{si}\} + [K_{si}]\{u_{si}\} = -[K_{sic}]\{u_{sc}\} - [K_{sia}]\{u_a\} = \{\hat{f}\} \quad (2.70)$$

ここで分系内部の変位 $\{u_{si}\}$ は，モード座標を用いれば次のように表すことができます。

$$\{u_{si}\} = \sum_{i=1}^{N_i} \{\phi_{sj}\} q_{sj} \qquad (2.71)$$

ここに，$\{\phi_i\}$ は分系の区分（拘束）モードを表し，N_i は分系内部の自由度数を示します。

式 (2.70)，(2.71) に対してモード合成法を適用し，高次，低次のモードを省略して $sm\,(>1)$ から $sn\,(<N_i)$ 次を用いるものとすれば，式 (2.30)，(2.39) より次式が得られます。

$$\{u_{si}\} = \begin{bmatrix}\phi_{si}\end{bmatrix}\{q_{si}\} + [G_i]\{u_{sc}\} + [G_{sia}]\{u_a\} \tag{2.72}$$

ここに，

$$\begin{bmatrix}\phi_{si}\end{bmatrix} = \begin{bmatrix}\phi_{sm,...,}\phi_{sn}\end{bmatrix} \tag{2.73}$$

$$[G_i] = -\left(\left(K - \omega_c{}^2 M\right)^{-1} - \sum_{i=sm}^{sn} \frac{\{\phi_{sj}\}\{\phi_{sj}{}^T\}}{\omega_i{}^2 - \omega_c{}^2}\right)[K_{sic}] \tag{2.74}$$

$$[G_{sia}] = -\left(\left(K - \omega_c{}^2 M\right)^{-1} - \sum_{i=1}^{N_i} \frac{\{\phi_{sj}\}\{\phi_{sj}{}^T\}}{\omega_i{}^2 - \omega_c{}^2}\right)[K_{sia}] \tag{2.75}$$

式 (2.74)，(2.75) の ω_c は馬‐萩原のモード合成法のパラメータで，ある一定の角振動数です。音圧ベクトル $\{u_a\}$ もモード座標に変換し，k 次までのモードを用いるものとすれば次のように表せます。

$$\{u_a\} = \sum_{i=1}^{k} \{\phi_a\} q_a \tag{2.76}$$

式 (2.75)，(2.76) をまとめて，次の変換関係式を得ます。

$$\begin{Bmatrix} u_{si} \\ \vdots \\ u_{sk} \\ u_{sc} \\ u_a \end{Bmatrix} = \begin{pmatrix} \phi_{si} & \cdots & 0 & G_{sic} & G_{sia} \\ \vdots & \ddots & \vdots & \vdots & \vdots \\ 0 & \cdots & \phi_{sk} & G_{skc} & G_{ska} \\ 0 & \cdots & 0 & I & 0 \\ 0 & & \cdots & 0 & \phi_a \end{pmatrix} \begin{Bmatrix} q_{si} \\ \vdots \\ q_{sk} \\ u_{sc} \\ q_a \end{Bmatrix} = [T]\{\tilde{u}\} \tag{2.77}$$

式 (2.77) を式 (2.69) に代入し，変換行列の転置を前から掛けることにより，次の縮小された全体系の運動方程式を得ることができます。

$$[M]\left\{\ddot{\tilde{u}}\right\} + [K]\{\tilde{u}\} = \{\tilde{F}\} \tag{2.78}$$

　式 (2.78) の自由度数は境界部分の自由度数 + 分系内部の区分モード数であり，元の運動方程式 (2.70) に比べて大幅に自由度数を縮小した方程式です。式 (2.78) の係数行列は，構造 - 音場連成問題では依然として非対称ですが，左右の固有モードを導入することにより解き進めることができます。ここで，例題で確認してみましょう。

2.6.2　区分モード合成法の数値解析例

(1) 振動モデルの解析
　図 2.6 に箱形の解析モデルを示します。

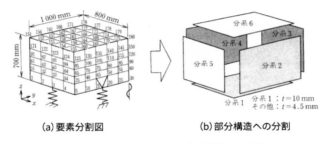

(a) 要素分割図　　　　　　　　(b) 部分構造への分割

図 2.6　解析モデルとその部分構造への分解

　要素分割および荷重条件を図 2.6(a) に示します。底板の 4 辺上の中央部をそれぞれ弾性支持し，荷重は底板の 1 つの角（節点 30）の z 方向に入力します。このモデルの板それぞれを 1 つの分系とし，合計 6 つの分系に分割して解析を行います（図 2.6(b)）。節点 88（分系 3 のほぼ中央部）の z 方向加速度の伝達関数を図 2.7 に示します。MSC/NASTRANのモード加速度法をベースとする区分モード合成法はスーパーエレメント法 (SE) と称されますが，図 2.7 ではその SE による解析と本節で示した馬 - 萩原のモード法をベースとする著者らの区分モード合成法の比較を行います。両手法とも，

1) 0〜800 Hz の区分モードをすべて用いた場合
2) 高次，低次のモードの省略を行い，100〜600 Hz の区分モードを用い

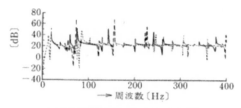

(a) NASTRAN（スーパーエレメント法）

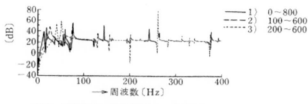

(b) 馬 - 萩原のモード合成法（$\omega_c = 300$Hz）

図 2.7　　高次と低次のモードを省略したときの周波数応答の変化
（節点 88，0〜400 Hz）

　た場合

3) 同じく 200〜600 Hz の区分モードを用いた場合

の 3 ケースについて解析を行います。ここでパラメータ ω_c は 300 Hz と
して解析します。低次モードの省略を行わない場合では，図 2.7 に示すよ
うに 1) においては著者らの方法，SE ともほぼ同一の結果となっています
が，低次モードの省略とともに，共振点，反共振点の位置や振幅の大きさ
などが異なっています。

　図 2.8 に 300 Hz 周辺すなわち 200〜400 Hz の応答を拡大して示して
います。低次モードを省略しなかった場合のケース 1) と省略した場合の
ケース 2)，3) を比較すると，ターゲットとする 200〜400 Hz においては
著者らの方が良好な結果となっています。

　本解析においてはパラメータ ω_c を 300 Hz としましたが，このように
パラメータ ω_c を興味の周波数範囲の近くに設定することで，高次，低次
のモードの省略により効率的に自由度の縮小ができることが分かります。

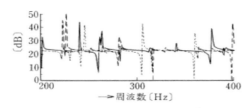

(a) NASTRAN (スーパーエレメント法)

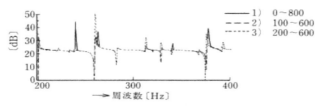

(b) 馬 - 萩原のモード合成法 ($\omega_c = 300$Hz)

図 2.8　高次と低次のモードを省略したときの周波数応答の変化
（節点 88，200〜400 Hz）

(2) 簡易車室モデルの解析

　さらに，区分モード合成法の効率を検証するため，図 2.9 に示すトラックの車室形状を簡易化したモデルで解析を行います。

　車室を構成する 9 枚の板をそれぞれ 1 つの分系とし，減衰はモード減衰として 1 ％を与えます。SE による解析と，馬 - 萩原のモード法をベースとする著者らの区分モード合成法の比較を行います。両手法とも高次モードは 6000 Hz までのモードを用いますが，著者らの方法では 100 Hz 以下の低次モードを省略し，パラメータ ω_c は 250 Hz として解析します。入力周波数は図 2.9(a) に示すように車室下端の 1 点に入力します。

　いくつかの点における周波数応答の例を図 2.10(a)〜(d) に示します。250 Hz を中心として，200〜300 Hz の範囲では本手法と SE 法の両手法の結果は各点ともほぼ一致していると言えます。

　表 2.3 に解析自由度数の比較を，表 2.4 に計算時間の比較をそれぞれ示します。

　著者らの手法と SE 法とを比較すると，各部分構造内部の自由度縮小に

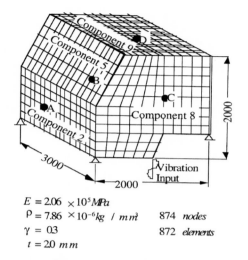

$$E = 2.06 \times 10^5 MPa$$
$$\rho = 7.86 \times 10^{-6} kg / mm^3 \qquad 874 \ nodes$$
$$\gamma = 0.3 \qquad\qquad\qquad 872 \ elements$$
$$t = 2.0 \ mm$$

図 2.9 簡略化されたトラックの車室モデル [10]

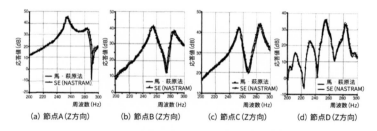

(a) 節点A(Z方向)　　(b) 節点B(Z方向)　　(c) 節点C(Z方向)　　(d) 節点D(Z方向)

図 2.10 任意数ヶ所点での周波数応答特性 [10]

要する計算時間に関しては，本手法の方がかかっています。これは，各分系の自由度数が減少する効果よりも，自由度縮小のための変換行列作成の計算量の多さが大きく影響しているためと考えられます。

　しかし，低次モードの省略により分系内部の自由度縮小後，これらを合成して得られる全体系の方程式は，表2.3 に示すように本手法の方がずっと小さくなるため，その固有値計算に関する計算時間は本手法の方が短くなります。その結果，この例題ではトータルの計算時間は本手法が半分以下となっています。

表 2.3　解析自由度数の比較

		馬 - 萩原法	スーパーエレメント法 (NASTRAN)
使用される固有モードの 周波数範囲 (Hz)		100-600	0-600
モード座標系の 自由度数	部分構造 1	40	70
	部分構造 2	40	70
	部分構造 3	17	28
	部分構造 4	34	56
	部分構造 5	47	98
	部分構造 6	23	56
	部分構造 7	49	85
	部分構造 8	49	85
	部分構造 9	85	139
部分構造の境界上の自由度数		1104	1104
計		1488	1791
足し合わされた構造の 固有モードの数		354	704

表 2.4 計算時間の比較

CPU (秒)	馬 - 萩原法	スーパーエレメント法 (NASTRAN)
物理座標での FEM 方程式の生成	8	8
CMS を使っての 全構造の自由度数の削減	141	89
縮約構造の固有値解析	301	1044
縮約された方程式の 求解と物理座標への再変換	34	52
トータル	484	1193

(3) 実車両車室の構造-音場連成周波数応答解析例

　車両に区分モード合成法を利用する際の概念図を図 2.11 に示します。

　図 2.12 は，4 ドアーセダン車両の (a) 車室音響モデル，(b) 構造モデルを示します。

　フロントサスペンション右用のショックアブソーバーを振動入力点とする問題を取り上げています。構造モデルの節点数は 3638，要素数は，

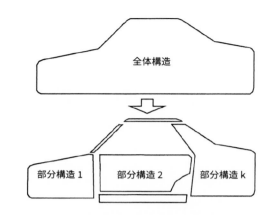

図 2.11　車両に区分モード合成法を利用する際の概念図

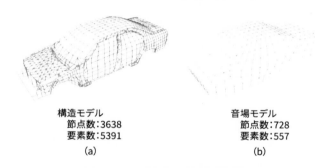

構造モデル
節点数:3638
要素数:5391

(a)

音場モデル
節点数:728
要素数:557

(b)

図 2.12　車体 (a) および車室内 (b) 有限要素法モデル [11]

シェル要素，ソリッド要素，バー要素，スカラーバネ要素，剛体要素，すべて合わせて 5391 です。音場モデルの節点数は 728，ソリッド要素数は 557 です。音場モデルはともかくとして，この車両モデルでは，高周波数域の解析を行うには要素分割として粗すぎますが，ここでは汎用的に解析できることを確認する目的で行っています。

　構造は，ルーフ，フロアー，ダッシュ，左右のフェンダー，ドアー等，合計 18 個の分系に分割します。室内音場の部分構造数は 1 です。このように車体形状が決まると，問題となる（室内騒音を特に下げたい）周波数帯域が決まります。ここでのそれは 80〜150 Hz です。そのため，その固

有モードとしては 40〜250 Hz までのモードを用います。なお，パラメータ ω_c は 60 Hz として解析します。

　一例として図 2.13 に 100 Hz 時の音場モードを示します。図 2.13 から妥当な結果が得られていることが分かります。このように本手法はどのような大規模な問題にも適用可能であり，既存のシステムに導入可能であることが証明されました。

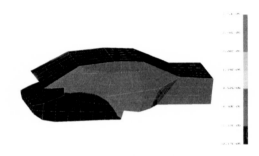

図 2.13　音圧の周波数応答（節点 42，100 Hz）

2.7　まとめ

　振動・騒音の一番の基盤技術はモード解析であり，それに最も優れた手法は馬 - 萩原法であることは，パラメータを変えるだけで，汎用ソフトで使用されているモード加速度法などの表現も可能なことから明らかです。そのことを，周波数応答はじめ最適化法で重要な固有モード感度解析や区分モード合成法で示しました。

　折しも自動車産業は自動運転など 100 年に一度の大変革の時代に入りつつあります。空飛ぶ車も，実は騒音が大きいことから都市で使用することは困難です。騒音のレベルを下げることはもちろんですが，心地よい音に変える制御など，もう一段上のレベルアップが期待されます。そのためにも，音振動の一番の基盤技術であるモード解析を最良のものに変えることから対応していくようにしたいと考えています。

参考文献

[1] Williams, D. : Dynamic loads in aeroplanes under given impulsive loads with particular reference to landing and gust loads on a large flying boat, Great Bitaiain RAE Reports SME 3309, 3316 (1945).

[2] 馬正東，萩原一郎：高次と低次のモードの省略可能な新しいモード合成技術の開発（第1報：ダンピング系の周波数応答解析），『日本機械学会論文集（C編）』，57巻・536号，pp.1148-1155 (1991-4).

[3] Hagiwara, I., Ma, Z.D., Arai, A. and Nagabuchi, K.: Reduction of Vehicle Interior Noise Using Structural-Acoustic Sensitivity Analysis Methods, 1991 SAE 910208 Transaction Section 6, pp.267-276 (1992-4).

[4] MacNeal, R.H., Citerley, R. and Chargin, M.: A symmetric modal formulationof fluid-structure interaction, ASME paper 80-C2/PVP-117 (1980).

[5] Fox, R.L.and Kapoor M.P.: Rates of change of eigenvalues and eigenvectors, *AIAAJournal*, Vol.6, No.12, pp.545-550 (1988-7).

[6] Nelson, R.B.: Simplified calculation of eigenvector derivatives, *AIAA Journal*, Vol.14, No.9, pp.1201-1205 (1976).

[7] Hagiwara, I., and Ma, Z.D.: Development of Eigenmode and Frequency Response Sensitivity Analysis Methods for Coupled Acoustic-Structural Systems, JSME International Journal Series III, Vol.35, No.2, pp.229-235 (1992-6).

[8] Wang, B.P.: An improved approximate methodfor computing eigenvector derivatives, AIAA/ASME/ASCE/AHS 26th Structures, Structural Dynamicsand Materials Conf. Orlando, FL (1985-4).

[9] 馬正東，萩原一郎：高次と低次のモードの省略可能な新しいモード合成技術の開発（第3報，縮重固有値を持つ系の感度解析への適用），『日本機械学会論文集（C編）』，57巻・539号，pp.2599-2605 (1991-8).

[10] 依知川哲治，萩原一郎：大規模高周波振動応答問題のための部分構造合成法とこれに基づく減衰系の周波数応答解析，『日本機械学会論文集（C編）』，60巻569号，pp.10-15 (1994-1).

[11] 依知川哲治，萩原一郎：大規模構造‐音場連成問題のための部分構造合成法の開発，『日本機械学会論文集（C編）』，61巻586号，pp.2718-2724 (1995-7).

第 **3** 章

固有周波数を操る

3.1　はじめに

　音振動分野は新しいさまざまな計測技術の開発がなされてきた分野であり，性能評価・創出も計測ベースで進められてきました。その推進の担い手の中心は，注ぎ込まれる人・物・金で他産業を圧倒する自動車産業です。自動車産業では，衝突シミュレーションの成功による CAE 主導の開発スタイルに移行の最中，折しも米国でビルディング・ブロック・アプローチ解析 (BBA) により GM のキャデリックセビルの音振動関連性能の開発期間が 2 分の 1 から 3 分の 1 に短縮したという衝撃的な情報が発表されました。これらにより，モード合成技術中心に解析技術の開発の機運が一挙に高まり，1980 年前後から 2010 年にかけて，有限要素法ベースの解析技術や最適化解析技術の論文が活発に発表されました。一挙にたくさんの優れた技法が誕生したことで十分に議論がなされないままと言いましょうか，SDRC 社から発信された BBA（区分モード合成法）や MacNeal らの手法中心に MSC/NASTRAN，ANSYS などの汎用ソフトで取り上げられました。その結果，モード合成解析は，Wilson のモード加速度法が採用されました。

　モード合成解析は感度解析，区分モード合成法 (BBA) などのベースとなるものであり，モード合成解析の仕様が決まると，感度解析，区分モード合成法，他の仕様も決まります．モード合成解析は，高次のモードしか省略できないモード加速度法に対し，高次に加え，低次も省略可能で，パラメータの選択によりモード加速度法も表現できるという意味でも馬‐萩原法が最も汎用的であることを前章で示しました。さらに，これをベースとする区分モード合成法も固有モード感度解析も市販ソフトで使用されているものよりそれぞれ優れることを前章で示しました。しかし，振動騒音分野は，長らく計測中心で検討されてきたため，モード加速度法ベースのものでも，ありがたかったのでしょう。一度仕様が決まれば，たとえそれが優れたものでも，入れ替えるには相当の覚悟が必要です。

　ここにきて自動車産業 100 年に一度の大変革期に合わせ，プログラム仕様を見直す，まさに千載一遇のチャンスが訪れたと言えます。すなわち，自動車の電動化や空飛ぶクルマの出現は，騒音を質的に変化させ，騒

音をむしろ心地よい音に変換するような新たな技術が求められています。これは，ウェルビーイング空間の構築にも貢献します。

　計算科学の究極の姿ですが，研究者や製造者が自分の研究や製品の紹介を，何時，どこでも臨場感をもって可能とさせ，要望があれば，それをすぐに試して見せることを可能とすることと考えています。このためにも解析技術のさらなるスマートさが要求されます。Society5.0 に向けたこれらの新技術の実装には，サイバーフィジカルシステム・ハイパフォーマンスコンピューティング技術との連携も不可欠となり，解析技術の見直しも併せて行う絶好の機会です。本章では，この機に新たに適用されるべき技術として，補正付摂動法とインタラクティブエネルギー密度位相変更法（Interactive Energy Density Topology: IEDT 変更法）について記します。

3.2　補正付摂動法

　最適化解析や次節で述べるエネルギー密度位相変更法などでは，設計変更後の物理量を逐次求めてゆきますが，変更前の固有モードと変更ベクトルの情報を得れば構造健康後の特性を効率よく得られる補正付摂動法について本節で述べます。

3.2.1　従来の摂動法

　周波数領域の運動方程式は

$$\left(-\omega^2 M + j\omega C + jH + K\right) X = F \tag{3.1}$$

で表されます。ここに，M, C, H, K は質量，粘性減衰，構造減衰，剛性マトリクス，ω は角振動数，j は虚数単位，X, F は変位および外力です。式 (3.1) をモード座標で表現すると，

$$\left(-\omega^2 m + j\omega c + jh + k\right) x = f \tag{3.2}$$

となります。ここに，$m = \phi^T M\phi, c = \phi^T C\phi, h = \phi^T H\phi, k = \phi^T K\phi, X = \phi x, f = \phi^T F$ です。ただし，ϕ はモードシェープベ

クトルです。式 (3.2) を

$$S_m(\omega)\, x = f \tag{3.3}$$

で表現します。構造変更分を式 (3.4) で表現し，

$$\delta S_m = \boldsymbol{\phi}^T \delta S \boldsymbol{\phi} \tag{3.4}$$

構造変更後の方程式を式 (3.5) で得ます。

$$(S_m + \delta S_m)\, x = f \tag{3.5}$$

　この摂動法では式 (3.4) よりモードシェープベクトル $\boldsymbol{\phi}$ における δS への影響度合い，すなわち，構造変更時のモードとの差の大きさによって，δS_m の精度が大きく左右されることが理解されます。

3.2.2　提唱した補正付摂動法

(1) 最初に提唱した補正付摂動法

　文献 [1, 2] の手法は，馬 - 萩原のモード法 [3] を用いて補正ベクトルを算出し，それをモード座標に組み込むことによって構造変更の変化分をモード座標上で効率的に表現できるようにし，応答の予測精度を飛躍的に向上させることができます。文献 [1, 2] の手法では，補正ベクトルを $\boldsymbol{\phi}_a$ とすると

$$\left\{ \begin{array}{c} \boldsymbol{\phi}^T \\ \boldsymbol{\phi}_a{}^T \end{array} \right\} (S + \delta S) \left\{ \boldsymbol{\phi} \quad \boldsymbol{\phi}_a \right\} \left\{ \begin{array}{c} x \\ x_a \end{array} \right\} = \left\{ \begin{array}{c} \boldsymbol{\phi}^T \\ \boldsymbol{\phi}_a{}^T \end{array} \right\} F \tag{3.6}$$

として，構造変更後の応答を求めます。補正ベクトル $\boldsymbol{\phi}_a$ は，上式のモード行列の性質を悪化させないよう，既存のモードベクトルを励振しない加振力 F_h を用いて

$$\boldsymbol{\phi}_a = S^{-1} F_h \tag{3.7}$$

として求めます。

　まず，F_h を求めてみましょう。$\boldsymbol{\phi}$ に対応する入力 f とそれ以外の f_h に分解すると，

$$\left\{ \begin{array}{c} \phi^T \\ \phi_h{}^T \end{array} \right\} F = \left\{ \begin{array}{c} f \\ f_h \end{array} \right\} \tag{3.8}$$

を得ます。ここでモードシェイプが質量行列により正規化されていると仮定すると，

$$\left\{ \begin{array}{c} \phi^T \\ \phi_h{}^T \end{array} \right\} F = \left\{ \begin{array}{c} \phi^T \\ \phi_h{}^T \end{array} \right\} M \left\{ \phi \phi_h \right\} \left\{ \begin{array}{c} f \\ f_h \end{array} \right\} \tag{3.9}$$

と書けます。これより F は次式のように表されます。

$$F = M\phi f + M\phi_h f_h \tag{3.10}$$

したがって ϕ_h への物理入力は，

$$F_h = F - M\phi f = \left(I - M\phi\phi^T \right) F \tag{3.11}$$

となります。F_h による物理座標上の応答は，式 (3.1) により次のように得られます。

$$\phi_a = \left(-\omega^2 M + j\omega C + jH + K \right)^{-1} F_h \tag{3.12}$$

簡単のために，C, H を省略すると，

$$\phi_a = \left(-\omega^2 M + K \right)^{-1} F_h \tag{3.13}$$

しかし，この方法で扱う補正ベクトルの数が多いと，算出時間は長くなります。また，互いに性質の近い補正ベクトルが複数用いられる場合，構造変更後の固有値解析や応答計算は非常に不安定になります。

(2) 補正ベクトルの算出法の改良

構造を変更するひとまとまりの要素を分系として捉え，その固有モードを分系に対応する補正ベクトルへの入力 F_i として与えます。これは補正ベクトルへの入力，ひいては補正ベクトルをモード座標で表現することと同義であり，これにより補正ベクトルの数を減らすと同時に冗長性を排除し，上述の問題を解決することが期待できます。固有モードを計算する際には，図 3.1 に示すように M や K の分系に含まれる節点に対応する部分

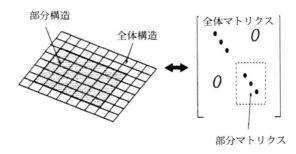

部分構造
全体構造
全体マトリクス
部分マトリクス

図 3.1　部分構造と対応する部分マトリクス

のみを抽出し，固有値解析を行います。

　これは着目する分系以外の節点を固定し，固有値解析することに相当します。分系に含まれる節点に対応する部分のみを抽出した X, M, K をそれぞれ Xs, Ms, Ks とし，

$$X = p \left\{ \begin{array}{c} I \\ O \end{array} \right\} Xs = TXs \tag{3.14}$$

となるよう変換行列 T を定めますと，Ms と Ks はそれぞれ

$$Ms = T^T M T \tag{3.15}$$

$$Ks = T^T K T \tag{3.16}$$

と表せます。

　ここで，全系の自由度 n，分系の自由度を ns とすると，P は n 次元の行を並び替える基本行列，I は ns 次元の単位行列，O は $n - ns$ 行 ns 列の零行列です。P は，T の分系に対応する行が 1 を含むように T の行を並べ替え，X から Xs に抜き出される行を指定するのに用います．着目する分系に対応する入力ベクトル F_i は，得られる分系のモードベクトル ϕ_S を用いて

$$F_i = \left\{ T\phi_S \left(-\omega^2 \delta M + \delta K \right) \quad T\phi_S \right\} \tag{3.17}$$

とします。

　さて，式 (3.17) の右辺についてですが，前半は分系の任意の変形，後半

は設計変更部分が系に与える力を意味しています。前半では文献 [1] の手法での F_i（分系の全自由度に対する単位力）をモード座標で表現し直すことを目的としており，これにより補正ベクトル数の減少と冗長性の排除を行っています。また，後半では設計変更が系に与える影響を求めることを目的としており，これにより本手法の計算精度を向上させています。なお，補正ベクトルの計算過程における式 (3.17) では設計変更部分が系に与える力，式 (3.13) では設計変更が引き起こす全体の変位を示しています。

(3) 改良版高効率応答計算手法

補正ベクトルの数が増加すると式 (3.6) の係数行列の自由度も増加し，それに伴い応答の計算に必要なコストも $O\left(n^3\right)$ で大きくなります。多数の応答を求める場合には特にそれが大きな問題となりますが，そういった場合には変更後の構造に対してモードベクトルを計算し直した方が最終的な計算量が少なくて済みます。モードベクトルを計算し直すには一旦モード行列に関して固有値解析し，それをモード座標に展開し直せばよいでしょう。具体的には

$$m_n = \left\{ \begin{array}{c} \boldsymbol{\phi}^T \\ \boldsymbol{\phi}_h^T \end{array} \right\} (M + \delta M) \left\{ \boldsymbol{\phi}\boldsymbol{\phi}_h \right\} \tag{3.18}$$

$$k_n = \left\{ \begin{array}{c} \boldsymbol{\phi}^T \\ \boldsymbol{\phi}_h^T \end{array} \right\} (K + \delta K) \left\{ \boldsymbol{\phi}\boldsymbol{\phi}_h \right\} \tag{3.19}$$

とし，m_n と k_n に関して固有値解析して得られる興味ある周波数のモードベクトル $\boldsymbol{\phi}_{nm}$ を

$$\boldsymbol{\phi}_n = \left\{ \begin{array}{c} \boldsymbol{\phi}^T \\ \boldsymbol{\phi}_a^T \end{array} \right\} \boldsymbol{\phi}_{nm} \tag{3.20}$$

のようにしてモード座標に展開することで，変更後の構造に対するモードベクトル $\boldsymbol{\phi}_n$ が求められます。なお，このままでは求められる応答は非常に精度が悪いです。そこで，改めて馬‐萩原のモード法を用いて

$$\boldsymbol{\phi}_{na} = \left(-\omega^2 (M + \delta M) + (K + \delta K)\right)^{-1} \boldsymbol{F} \tag{3.21}$$

のように補正ベクトル ϕ_{na} を求め,

$$\left\{ \begin{array}{c} \phi_n^T \\ \phi_{na}^T \end{array} \right\} (S + \delta S) \left\{ \phi_n \, \phi_{na} \right\} \left\{ \begin{array}{c} x_n \\ x_{na} \end{array} \right\} = \left\{ \begin{array}{c} \phi_n^T \\ \phi_{na}^T \end{array} \right\} F \tag{3.22}$$

としてモード座標に組み込むことで, 構造変更後の応答を精度良く求める
ことができます。しかし, 構造変更領域の変化に伴い, 用いられる補正ベ
クトルの数が増減し, 補正ベクトルの算出法が複雑であるという課題が
残っておりました。この解決は次項で得られました。

3.2.3 本書で提唱する補正付摂動法

変更後の δM と δK は 構造変更に対応する部分以外がすべて 0 である
特性を利用して, 次式

$$F_i = \left(-\omega^2 \delta M + \delta K \right) \phi \tag{3.23}$$

を用い, 補正ベクトルを算出するときに必要な入力ベクトル F_i を計算し
ます。

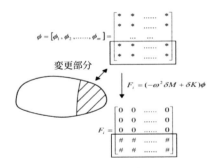

図 3.2　構造の変更部分と変更部分に入力される様子

図 3.2 に示すように, 算出されるベクトル F_i の構造変更しない自由度
成分はすべて 0 になります。次に, 入力ベクトル F_i を

$$\phi_a = \left(-\omega^2 \left(M + \delta M \right) + \left(K + \delta K \right) \right)^{-1} \left(I - M \phi \phi^T \right) F_i \tag{3.24}$$

に代入して，補正ベクトル ϕ_a を算出します。最後に，補正ベクトル ϕ_a を方程式 (3.6) に代入し，構造変更後の振動応答を得ます。式 (3.23) により，補正ベクトル ϕ_a の数は常に固有ベクトル ϕ の数と一致するので，構造変更部分の自由度の変化と関係しないことが分かります。また，比較的少ない補正ベクトルで解析できるため，計算効率の向上が得られます。

3.2.4　補正付摂動法によるサンプル構造の振動解析

　本来，各試行点に対して運動方程式を作成し固有値解析を行うべきですが，補正付摂動法では一度だけサンプル構造の平均構造に対する固有値解析を行い，各サンプル構造はそれぞれ変更後の構造として扱います。これらの振動解析は，式 (3.23) と式 (3.24) を用いて補正ベクトル ϕ_a を算出し，次に式 (3.6) を用いて応答解析を行います。式 (3.23) は単純な行列掛け算で，式 (3.24) の逆行列計算は一次連立方程式を 1 回解くことに相当します。そのため従来の物理座標系における運動方程式 (3.1) の固有値解析に必要な計算時間より，本法の計算時間が少ないことは容易に推測できます。

　直交多項式を使用する実験計画法応答曲面最適化ルーティンでは設計パラメータをいくつか変えて応答値を求め，この情報からまず解曲面の類推式を求めます。設計パラメータを変えたときの応答値を補正付き摂動法で求めれば，類推式構築の効率化が得られます。設計変数 a に関する振動応答値の近似推定式を考え，できるだけ少ないサンプル解析結果を用いて近似推定式が作成できるように，振動応答値を次の直交多項式とします。

$$w = c_0 + c_1 A_1(a) + c_2 A_2(a) \tag{3.25}$$

　ただし，w は推定する振動応答値，c_0, c_1, c_2 は未定係数，$A_1(a), A_2(a)$ は設計変数 a に関する直交多項式の関数項です。次の 3 水準等間隔のサンプルデータ

$$a_1 = \overline{a} - h, a_2 = \overline{a}, a_3 = \overline{a} + h \tag{3.26}$$

を用いて，直交多項式の関数項を次のように設定します。

$$A_1(a) = \frac{a - \overline{a}}{h}, A_2(a) = \frac{(a - \overline{a})^2}{h} - \frac{2}{3}, A_0(a) = 1 \tag{3.27}$$

93

$$\sum_{j=1}^{3} A_i\left(a_j\right) A_k\left(a_j\right) = 0 \quad i \neq k, i, k = 0, 1, 2 \tag{3.28}$$

さらに，式 (3.28) を展開すれば，次式のようになります。

$$\sum_{j=1}^{3} A_1\left(a_j\right) = 0, \sum_{j=1}^{3} A_2\left(a_j\right) = 0, \sum_{j=1}^{3} A_1\left(a_j\right) A_2\left(a_j\right) = 0 \tag{3.29}$$

ここでは，サンプルデータと解析した振動応答値を式 (3.25) に代入して次式が得られます。

$$c_0 + c_1 A_1\left(a_1\right) + c_2 A_2\left(a_1\right) = w_1$$
$$c_0 + c_1 A_1\left(a_2\right) + c_2 A_2\left(a_2\right) = w_2$$
$$c_0 + c_1 A_1\left(a_3\right) + c_2 A_2\left(a_3\right) = w_3 \tag{3.30}$$

ただし，w_1, w_2, w_3 は各水準による振動応答値です。式の両側にそれぞれ $A_0\left(a_j\right) = 1$，$A_1\left(a_j\right)$ と $A_2\left(a_j\right)$ を掛けて足し合わせて，式 (3.26) のサンプルデータを代入して，さらに式 (3.29) の直交関係を考慮して，未定係数は以下のように計算することができます。

$$c_0 = \frac{w_1 + w_2 + w_3}{3}, c_1 = \frac{w_1 - w_2}{2}, c_2 = \frac{3w_1 + 9w_2 + 3w_3}{11} \tag{3.31}$$

ここでは，式 (3.27) の直交多項式の関数項と式 (3.26) の未定係数を式 (3.25) に代入すれば，単独変数 a に関する推定式が得られます。

さらに推定式の近似精度を上げるため，設計変数 a と b の交差項を考慮した推定式を次のように設定します。

$$w = c_{00} + c_{10} A_1\left(a\right) + c_{20} A_2\left(a\right) + c_{01} B_1\left(b\right) + c_{02} B_2\left(b\right) + c_{11} A_1\left(a\right) B_1\left(b\right) \tag{3.32}$$

ここでは，$c_{00}, c_{10}, c_{20}, c_{01}, c_{02}$ は常数項と単独項の未定係数であり，$B_1\left(b\right), B_2\left(b\right)$ は設計変数 b に関する直交多項式の関数項であり，式 (3.27) と同様に平均値と間隔値を使い作成できます。交差項の未定係数 c_{11} については同様な誘導手順に従い，関数項の直交関係を利用して次式で計算することができます。

$$c_{11} = \frac{w_{11} - w_{13} - w_{31} + w_{33}}{4} \tag{3.33}$$

ただし，w_{ij} は $a = a_i, b = b_j$ のときの振動応答値です。ここで，計算した各未定係数と直交多項式の関数項を式 (3.32) に代入すれば，交差項を考慮した推定式が作成できます。したがって，複数の設計変数に関する振動応答値の近似推定式は，次の手順で作成することができます。

① 振動応答値の全平均値を計算して，常数項 c_0 とします。
② 式 (3.31) を用い，単独項の未定係数 c_1, c_2 を計算し，$c_1 A_1 (a) + c_2 A_2 (a)$ を推定式に足し合わせます。
③ 式 (3.33) を用い，交差項の未定係数 c_{11} を計算し，$c_{11} A_1 (a) B_1 (b)$ を推定式に足し合わせます。

以上の計算手順をすべての設計変数に対して順番に行い，その結果，振動応答値に関する近似推定式を生成することができます。

3.2.5 提案する補正付摂動法の精度検証

図 3.3 に示しますのは 2 枚の同一形状をもつ 2 重板モデルで，4 つの端点同士がスカラーバネ要素で結合されています。なお，ここでは 1 軸方向にのみ変形するバネをスカラーバネと称しています。

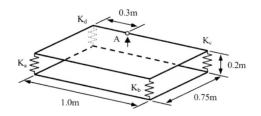

図 3.3　上下平板が 4 隅のバネで結合されたモデル

図 3.3 に示すように板の長さ 1.0 m，幅 0.75 m，上板の板厚は 0.8 mm，下板の板厚は 1.2 mm とし，板の材料物性は，ヤング率 210 GPa，ポアソン比 0.29，質量密度 7820 kg/m^3，スカラーバネの軸方向弾性係数

1750 N/m です。境界条件は完全自由とし，図 3.3 の A 点に板の法線方向へ単位加振力を与え，振動特性の評価値として加振点の法線方向応答の周波数特性を選択します。興味のある周波数領域 0〜60 Hz に対して，式 (3.23)，(3.24) による補正ベクトル算出方法は文献 [1, 2] の手法で求められる式 (3.11)，(3.13)，文献 [4] の手法で求められる式 (3.17), (3.21) の従来の算出方法より大幅に単純化されていますが，従来と同様 60 Hz の 1.25 倍の 75 Hz までの固有モード 83 個を利用します。また，構造変更対象は，4 つのスカラーバネの軸方向弾性係数と上板の一部板厚とします。

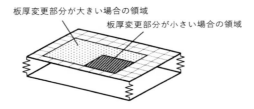

図 3.4　上平板の大きな／小さな領域で板厚を変えたモデル

　板の変更領域の大きさによる影響を検証するため，図 3.4 に示す板厚の変更範囲が大きいケースと小さいケースに分けて検討を行います。解析メッシュに四辺形シェル要素を用い，平板の長さと幅の方向に沿って，10×8 等分割の 198 節点の解析モデルを用意し振動解析を行います。

　まず，図 3.3 に示す初期構造に対し固有値解析を行い，小変更範囲のケース 1 と大変更範囲のケース 2 に対して，それぞれ式 (3.23) と式 (3.24) を用いて補正ベクトルを計算し，運動方程式 (3.6) を用いて構造変更後の固有値解析と周波数応答解析を行います。なおここでは，変更後の板厚は初期構造の 0.2 倍の 0.16 mm とします。表 3.1, 3.2 と図 3.5, 3.6 には，それぞれケース 1，ケース 2 の固有値解析と周波数応答解析の結果を示します。なお，表 3.1, 3.2 で CPM とあるのは補正付き摂動法 (Complementary Perturbation Method: CPM) で得たものであることを意味します。

　各表では，第 1 列は 20 Hz から数えて 10 個の固有振動数の順番，第 2

表 3.1　ケース 1 の固有周波数解析結果

No.	FEM [Hz]	CPM [Hz]	Diff: [%]	MAC
1	21.152	21.208	0.265	1.00
2	21.658	21.667	0.038	1.00
3	22.593	22.593	0.000	1.00
4	25.216	25.220	0.013	1.00
5	26.670	26.677	0.027	1.00
6	27.543	27.543	0.002	1.00
7	28.334	28.336	0.006	1.00
8	29.538	29.537	0.003	1.00
9	31.283	31.283	0.001	1.00
10	32.643	32.641	0.007	1.00

表 3.2　ケース 2 の固有周波数解析結果

No.	FEM [Hz]	CPM [Hz]	Diff: [%]	MAC
1	20.78	20.77	0.05	1.00
2	22.45	22.44	0.05	1.00
3	23.17	23.16	0.05	1.00
4	24.26	24.25	0.05	1.00
5	27.75	27.74	0.05	1.00
6	28.09	28.08	0.05	1.00
7	28.83	28.75	0.28	1.00
8	29.84	29.82	0.05	1.00
9	31.81	31.79	0.05	1.00
10	32.49	32.47	0.05	1.00

列は有限要素法を用いて解析した結果，第 3 列は補正付摂動法の解析結果，第 4 列は誤差，第 5 列は固有ベクトルの同一性を表す MAC (Modal Assurance Criteria) 値です。各表により，本法で解析した構造変更後の固有振動数は有限要素法で解析した結果によく一致することが分かります。また，両方のモードベクトルを比較する MAC 値の結果が 1 となっており，固有モードもよく一致することを示しています。なお，実際には 60 Hz まで同様な解析精度をもつ固有値結果が得られていますが，紙面の関係で表 3.1，3.2 には後述の最適化目的関数に直接関係する 20 Hz か

ら 10 個の固有値解析結果だけを示しています。

　図 3.5，3.6 に示す周波数応答は，点線が有限要素法による再計算の結果，実線が補正付き摂動法の結果を表しています。図中より，興味のある周波数 0〜60 Hz の範囲内で両方の結果がよく一致していることが確認できます。なお，モード形状および観測点の位置により，固有モードが周波数応答に現れない可能性があります。例えば，表 3.2 に示す 20 Hz から 10 個の固有振動数のうち，20.05 Hz と 22.51 Hz の 2 つは図 3.6 に極大値として計測されていませんが，残りの 8 個の周波数応答の極大点は表 3.2 の固有振動数に合致しています。

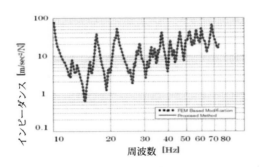

図 3.5　ケース 1 の周波数応答解析結果

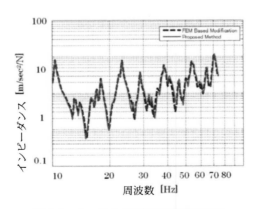

図 3.6　ケース 2 の周波数応答解析結果

3.2.6 応答曲面法による振動応答の最適化

ここでは，次の振動特性最適化問題を設定します。

$$Find \, x = \{T, K_a, K_b, K_c, K_d\}^T$$

$$Min \, W = f(x) \tag{3.34}$$

$$S.T. \, 0.4 \, \text{mm} \leq T \leq 1.2 \, \text{mm}$$

$$175\text{N/m} \leq K_a, K_b, K_c, K_d \leq 8750\text{N/m}$$

式中で，$x = \{T, K_a, K_b, K_c, K_d\}^T$ は設計変数ベクトル，T は図 3.4 の斜線で示す構造変更部分の板厚，K_a, K_b, K_c, K_d はスカラーバネの弾性係数です。$W = f(x)$ は目的関数であり，指定した周波数範囲の応答積分値を最小化します。ここでの周波数範囲は 20〜23 Hz です。

表 3.3 に示すのは，設計変数の変化です。

表 3.3 最適化前後の設計変数

設計変数	初期構造	最適構造	両者の差 [%]
T [mm]	0.8	0.5177	− 35.2
Ka [N/m]	1750	6000	242.9
Kb [N/m]	1750	175	− 90.0
Kc [N/m]	1750	175	− 90.0
Kd [N/m]	1750	175	− 90.0

表中より，初期構造と比較して，最適構造の上板の変更部分の板厚は 35.2 % 薄く，スカラーバネ b, c, d の弾性係数は下限値まで小さくなり，逆にスカラーバネ a の弾性係数は 2 倍以上大きくなりました。その結果，図 3.7 の太い線で囲まれた目的関数に対応する周波数領域の応答値を比較して，明らかに点線の初期構造の応答値より，実線の最適構造の応答値が低くなっていることが分かります。

さらに，表 3.3 の設計変数を用いて確認解析を行った結果，初期構造の応答積分値 404.5 に対して最適構造の応答積分値は 71.6 であり，約 82.3 % 改善されています。

以上から，応答曲面法による振動特性最適化に適用する補正付摂動法は

十分な解析精度をもち，非常に有効であることが分かります。

3.2.7　最適化法の計算効率に関する考察

　モード法に基づく振動解析にかかる時間は，運動方程式の生成および固有値解析時間と応答解析時間の 2 つに大別されます。検討のため，ここではモード座標系での応答解析時間を無視し，運動方程式生成および固有値解析の時間を t_e とします。一方，新開発の補正付摂動法による振動解析では同様にモード座標系での応答解析時間を無視し，補正ベクトル算出時間を t_c，拡張しました運動方程式 (3.24) の生成時間を t_x とします。

　ここで，サンプル構造の数を S として 3 水準設計変数に直交表を使う場合，$S = 27$ または $S = 81$ のケースが多いです。S 個のサンプル構造を用い，1 ステップの最適化計算をするために，通常の有限要素法でかかる計算時間 t_{FEM} は

$$t_{\mathrm{FEM}} \approx S t_e \tag{3.35}$$

であり，新補正付き摂動法での計算時間 t_{CPM} は

$$t_{\mathrm{CPM}} \approx t_e + (S - 1)(t_c + t_x) \tag{3.36}$$

のように概算できます。

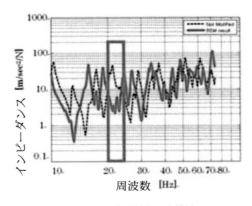

図 3.7　最適化前後の応答値

次に，新補正ベクトルの算出に式 (3.23) と式 (3.24) を利用します。式 (3.23) は単純な行列掛け算で，式 (3.24) の逆行列計算はほぼ 1 回静解析の時間に相当します。式 (3.6) の係数行列を次のように展開します。

$$\begin{Bmatrix} \phi^T \\ \phi_a{}^T \end{Bmatrix} (S + \delta S) \{\phi \phi_a\}$$

$$= \begin{bmatrix} \phi^T S \phi & \phi^T S \phi_a \\ \phi_a{}^T S \phi & \phi_a{}^T S \phi_a \end{bmatrix} + \begin{bmatrix} \phi^T \delta S \phi & \phi^T \delta S \phi_a \\ \phi_a{}^T \delta S \phi & \phi_a{}^T \delta S \phi_a \end{bmatrix} \tag{3.37}$$

ここで，式中の行列 S と δS は次のように書けます。

$$S = -\omega^2 M + K \quad \delta S = -\omega^2 \delta M + \delta K \tag{3.38}$$

現在の状況を知るため，式 (3.37) の右辺の第 1 項は，平均構造の S と δ に関する掛け算を事前に 1 回だけ行っておきます。また，式 (3.37) の右辺の第 2 項は，構造変更しない部分に対応する δS の項はすべて 0 であるため，構造を変更する部分だけを計算すればよいということになります。このような工夫をして，式 (3.6) の係数行列の計算時間を短縮することができます。よって，式 (3.35) と式 (3.36) 右辺の項を比較して，物理座標系での運動方程式生成と固有値解析の時間 t_{FEM} より補正ベクトル算出時間と拡張運動方程式生成の時間 $t_c + t_x$ の方がかなり短く，確実に $t_{\text{CPM}} < t_{\text{FEM}}$ であることが判断できます。

例えば，前節の数値計算例では，5 つの設計変数に対して L27 直交表を使い生成されたサンプル構造は 27 でした。そこで，式 (3.35) と式 (3.36) を用い，有限要素法と補正付き摂動法で最適化計算の 1 ステップあたりの計算時間を比較します。その結果は次のとおりです。

構造自由度数 n は 1188，補正ベクトル数 m は 83 に対して，有限要素法は 27 回 ×4.5 秒=121.5 秒，補正付摂動法は 4.5 秒 +26 回（1.1 秒 +0.1 秒）=35.7 秒となります。補正付摂動法を用いることによって，補正付摂動法を使用せず通常の FEM を繰り返し使用すると 121.5 秒掛かるので，121.5 秒／35.7 秒=3.40 倍の計算時間の短縮が得られます。

3.2.8　補正付摂動法のまとめ

本節では，応答曲面法による振動特性最適化におけるサンプル振動解析

に補正付摂動法を適用する検討を行いました。具体的には、以下の①〜③を行いました。

① 補正ベクトルの算出法について検討を行い，変更範囲の変化と関係なく比較的少ない計算時間で補正ベクトルを算出する方法を提案し，その有効性を示しました。

② 応答曲面におけるサンプル振動解析では，最も計算時間のかかる固有値解析をサンプルの平均構造に対し 1 回だけ行い，それから各サンプル振動解析に対して補正付摂動法を適用する方法を提案しました。これにより十分な解析精度を保ったまま，計算効率が約 3.5 倍と大幅に向上することを示しました。

③ 設計変数を 3 水準に統一した前提で，直交多項式をベースにした振動応答値に関する近似推定式を誘導し，その有効性を数値計算例で検証しました。

　本手法は，応答曲面法以外の感度解析を用いた最適化法にも有効であり，これについては読者の方で試みていただきたいです。

3.3　複数の固有周波数を高速・高精度に制御するインタラクティブエネルギー密度位相変更法

　我が国には素晴らしい青果物や高級卵があります。これらは海外に届けば称賛されること間違いなしなのですが，輸送が容易でないのです。例えば，貴重な iPS 細胞や血液なども輸送時死滅率が低くはないとのことです。同様に，苺などの青果物なども輸送時傷みやすいのです。

　この主な原因は衝撃や振動です。衝撃については，折紙工学で開発が進められた空間充填構造がヒントとなった輸送箱の開発が進められています[5]。図 3.8 に示すように正四面体と正八面体ハーフとの組み合わせで充填構造にしたものは，紙製でも体重 60 kg の人が乗ってもびくともしません。図 3.9 では，床から 1 m 上の位置から卵を落としても卵は割れな

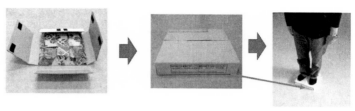

(a) 49個のコアを　　　　　（b) ダンボール箱を　　　（c) 60 kgの人が乗っても
　　ダンボール箱に格納　　　　　閉じてマジックテープで　　OK。鋼板なら6 tonも！
　　　　　　　　　　　　　　　　とめる

図 3.8　　24 個の正四面体コアと 25 個の正八面体ハーフコアによる空間充填箱の強固な様子

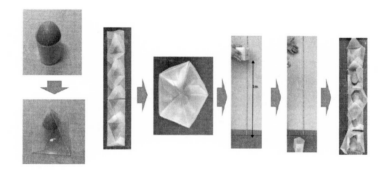

図 3.9　ペンタゴン箱に入れた卵が 1 m 上から落ちても割れない様子

いという結果が得られています。このように，空間充填構造にすると衝撃に強い輸送箱を作ることができます。さて，残りは振動です。

　皆さん，車酔いの経験はおありでしょうか。乗車中に気分が悪くなり，吐いたりする状況にもなったりしますね。車に乗ると道路から受ける荷重やエンジンの傾きなどにより人に振動が生じます。万物は状態の変化である加速度を嫌い，それを抑えるように振動します。この振動応答の大きさは低周波から高周波に至るまでの固有モードの重畳和で与えられますが，5 Hz から 10 Hz 間の応答値が大きいと乗り心地は悪くなります。

　逆に言えば，それ以外の周波数帯域では応答値がいくら大きくても乗り心地には関係しないのです。そのため，設計時にシート，乗員，フローア

系で 5〜10 Hz 間に共振周波数が存在しないような設計仕様とされます。

　青果物や卵，細胞や血液にもダメージを受けやすい周波数帯域が存在するようです。その帯域を危険周波数帯域と呼びましょう。本節では，危険周波数帯域に共振周波数を存在させない解析技術や設計法について検討してみましょう。

3.3.1　危険周波数帯域内の共振周波数を域外に移動させる解析技術

　目標値を掲げ，それに最も近い数値に該当の共振周波数を近づける解析技術は最適化となります。有限要素法で機能解析を行い，その結果を用いての最適化は 1980 年頃誕生し，寸法最適化，形状最適化，位相最適化の 3 種類があります。一般に寸法最適化では共振周波数のわずかな移動でも困難です。形状最適化で最も分かりやすいのは各節点の座標値を設計変数とする方式です。しかし，座標値を設計変数とする場合，容易に収束しません。ベジエ曲線やスプライン曲線など制御点を有す曲線では，制御点の指定によりおよその形状が分かります。このことから，制御点を有する形状曲線を使うことによって形状最適化が現実のものとなりました。

　それでも大幅な共振周波数の移動は容易ではありません。位相を変えると大幅に共振周波数が変化することから位相最適化解析の誕生が期待されましたが，なかなか誕生しませんでした。ようやく 1988 年に均質化法を用いた位相最適化法が開発され [6]，現在に至るまで実に多くの研究がなされてきています [7]。均質化法を用いてメッシュを無限に細かくしていくと，解の収束性が数理的には保証される [8] こともあり，1988 年の位相最適化法誕生以降しばらくは相当にメッシュが細かくされました。そのため，当時のコンピュータでは数理最適化法の利用は困難とされ，最適性規準法の利用が中心でした。このため動的な位相最適化への適用も当初は困難でしたが，その理由も示されています [9]。すなわち，最適性規準法の設計パラメータ更新則の式は（目標値の変化分）／（設計パラメータの変化分）$^{1/2}$ となります。静的問題では常に ( ) 内は正ですが，動的問題では負になることがあり更新できなくなるわけです。均質化法位相最適化解析適用の際ですが，実際には要素を無限に小さくすることはもとより困難ですね。

104

　結局は，有限の大きさの要素が使われ，各要素内の均質化要素の大きさを0～1の間に正規化し，最適化ルーティンの後，例えば，0.2以下の箇所に穴を開けて位相を変えるという操作がなされます。そこで，このような本来の理論から逸脱した使用が許されるのであれば，当時の計算機で数理最適化法を用いてできる程度の大きさの要素で動的な問題へ適用しても近似的には許されると考えました。実際に適用しましたところ，より細かなメッシュで最適性規準法により得られる結果に比して遜色のない結果が得られました [10]。また，板厚を設計変数に用いる場合と均質化法パラメータを用いる場合を比較し大差のないことも示しました [11]。このこともあり，今やいわゆる密度法と称し均質化要素の大きさの代わりに板厚や密度を設計変数とする検討が中心となっています。

　この他にも文献 [6] 以降，著者自身いくつか振動騒音関係の位相最適化論文を発表しました。この経験から述べますと，果たしてここで扱う「一部の共振周波数は下げ，他の共振周波数は上げるなどの複数の共振周波数を同時に扱う」課題に対し，一連の，開発されてきた手法が適用可能かは大いに疑問を感じています。1つは，たとえ最適化の繰り返し計算が終わり収束しなかった場合，それが不可能な問題設定であったのか否かは不明です。さらに例えば，板厚を設計変数にする場合，せっかく最適化で目的の固有周波数が求まっても，板厚は分布し，実際の設計にはこのままでは使用できません。そのため従来手法ではある閾値を決め，それ以下の部分に穴を空け残りは現行の板厚とする方式がとられます。しかし，これを実行すると，目的の値にせっかく収束したものが，目的の値からずれてしまうケースが生じます。したがって具体的な設計までもっていくのは依然として容易ではありません。

　最終的に穴を設置する方法などは剛性などの静的問題，振動などの動的問題共通ですが，固有値制御など動的問題では，剛性制御には見られない，結局，なぜ最適性規準法では，動的問題に適用できないのかと同じ問題に帰着します。すなわち，静的問題ではある箇所の板厚を上げると構造のどこでも変位は下がります。一方，剛性と質量がからむ固有値問題などの動的問題では，任意の部分の板厚を上げると上がる固有周波数もあれば下がる固有周波数もあり，やみくもな密度法等の適用は困難となります。

　そこで，共振周波数が等価剛性と等価質量によって決定されるという振動の原点に戻ることによって共振周波数を制御するという，新しい手法の開発を試みました。以下でその効用を見てみましょう。

3.3.2　従来の密度法による位相最適化解析技術の適用

　本節で紹介する手法は車の乗り心地など，特性を支配する周波数帯域が決まっているような現象に広く利用されますが，ここでのターゲットは本節冒頭で示したように苺などの青果物，細胞，血液などを振動上安全に運ぶ輸送箱とします。輸送時，死滅したり傷んだりするのは衝撃と振動によりますが，衝撃に対しては空間充填で対応できることが示されています[12]。そのことから，著者らが開発を進めています空間充填苺箱の一例を図 3.10 に示します。

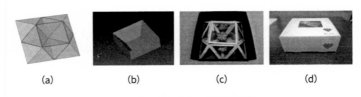

(a)　　　　　(b)　　　　　(c)　　　　　(d)

図 3.10　　補強箱付き苺の充填輸送箱の例

　図 3.10(a) は正四面体 4 個と正八面体ハーフ 5 個から成ります。同図 (b) は空間充填を満たすための補強箱です[13]。同図 (c) は各コアに一個ずつ苺が入っている様子を示したものであり，外箱を被せて輸送箱の完成 (d) です。

　ここで外表面は見栄え上からも異物が入らないためにも穴の設置は困難ですが，図 3.10 においては補強箱に穴を設けたり補強したりすることを考えます。ただし，ここでは基礎検討として，図 3.11 に示す矩形板で検討します。ここで拘束条件ですが，柔らかい物を下に敷いたりする場合を想定しフリーフリー（無拘束）とします。

　図 3.11 は，420 mm×300 mm，厚さ 1 mm の長方形平板です。材料はダンボールとし，材料データは，密度 256.9 kg/m^3，ヤング率 0.664

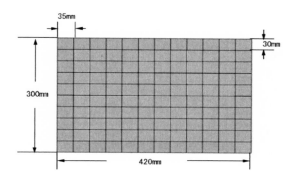

図 3.11　検討した平板モデル

GPa，ポアソン比 0.34 です。同図に示すように，平板を縦 30 mm，横 35 mm の大きさで 120 分割したモデルを用いてフリーフリーの条件で固有値解析を行います。すると 1 次～6 次までは剛体モードで，7～12 次の平板の固有周波数は，それぞれ 8.14 Hz，9.38 Hz，19.14 Hz，19.34 Hz，23.85 Hz，28.20 Hz となります。

(1) 2 つの固有周波数が危険周波数帯域にある課題への密度法位相最適化解析技術の適用

　ここで，従来の密度法による位相最適化解析技術を使って上述のモデルで 7.0～17.0 Hz までを危険周波数帯域とする課題を扱います。そのため，この危険周波数帯域に入っている 7 次，8 次の共振周波数をともに 7.0 Hz 未満に移動させ，9 次，10 次はこれ以上下がらないことを目指す検討を行います。そのため最適化解析の目的関数は，式 (3.39) に示す一般化固有値指標 [9] とします。

$$f_x = f_0^* + \left(\sum_{i=1}^{m} W_i \left(f_i - f_{0i} \right)^n \Big/ \sum_{i=1}^{m} W_i \right)^{\frac{1}{n}} \tag{3.39}$$

　f_{0i} $(i = 1\sim4)$ はそれぞれ 7 次～10 次の目的とする固有周波数とします。ここで $f_0^* = 0$Hz，$n = 2$ とし，m は目標固有周波数の数で，ここでは $m = 4$ です。W_i は重みで，最初はすべて 1.0 とします。以下，次のよ

107

うに密度法による位相最適化解析を行います。

① 設計変数は板厚とし，最適化計算によって外形が変化しないよう，外
　周に接する要素の板厚は設計変数に加えません。

② 図 3.11 に示すように，要素は上下左右対称に分割されており，挙動
　もこの対称性が保たれるよう設定します。各要素の板厚は，下限 0.0
　mm，上限 1.0 mm とします。

③ 終了条件は，式 (3.39) の値が 0.1 以下，あるいは繰り返し最大数 8000
　とします。

④ 有限要素法による固有値解析，線形近似法 [14] による最適化解析とも
　COMSOL Multiphysics [15] を使用します。

⑤ 重量削減量を拘束条件として与えます。ここでは，全体の 90 % 以下
　となるように設定します。

　先に示したとおり図 3.11 の形状における段ボール板の重量は 32.4 g で
す。全体を 120 分割したうち，外周部分にあたる 40 分割分に値する重量
は 10.8 g なので，重量の下限は 11 g とし，上限は重量の 90 % の 29.16
g とします。

　ここで，7〜10 次の固有周波数の目標値を設定します．現行の 7 次と 8
次の固有周波数は危険周波数 (7.0〜17.0 Hz) 内に入っているため，7 次，
8 次の目標固有周波数を 6.6 Hz と 6.8 Hz とします。9 次，10 次は現段
階では 17.0 Hz 超過の条件は満たしていますが，一連の操作で 17.0 Hz
以下に下がる可能性もありますので，9 次，10 次の目標固有周波数はそれ
ぞれ現行の 19.14 Hz，19.34 Hz とします。なお，11 次の固有周波数は
23.85 Hz と危険周波数帯域から離れており，まず考慮しないことから始
めます。

　以上の最適化解析を行ったところ，$W = [1, 1, 1, 1]$ のときは，繰り返
し回数 180 以降，7.21 Hz，7.51 Hz，17.81 Hz，18.44 Hz からほとん
ど動かなくなってしまいました。ここで 9 次，10 次は元通り目標内に留
まっていますが，7 次と 8 次も元の危険周波数帯域に留まっています。そ
こで重み $W = [2, 2, 1, 1]$ として再検討すると，繰り返し回数 160 以降，
固有周波数は，6.56 Hz，6.93 Hz，16.97 z，17.46 Hz からほとんど動

かなくなっています。ここで 7 次，8 次，10 次は目標に達しましたが，今度は 9 次が 17.0 Hz 以下となり，危険周波数帯域に入ってしまいました。

その後試行錯誤を重ね，目標周波数 7 次 5.5 Hz，8 次 6.74 Hz とし，9 次 10 次の目標周波数を 17.50 Hz，17.70 Hz とし，$W = [1, 10, 10, 1]$ としたところ，185 回以降，7 次〜10 次までの固有周波数は 5.67 Hz，6.91 Hz，17.23 Hz，17.34 Hz から値がほとんど変わらず最適化計算は終了しました。すなわち収束条件は満たされませんが，いずれの固有周波数も危険周波数帯域に入らないという目的には達しました。図 3.12 は終了までの一般化固有値指標値の推移をグラフにしたもので，縦軸が式 (3.39) の値，横軸は反復回数です。結果，すべての共振周波数を危険周波数帯域 (7.0〜17.0 Hz) 外に移動させることができました。

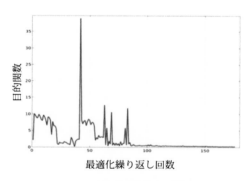

図 3.12　目的関数の収束履歴

重量は 27.6 g と，元の重量の 85 ％ に削減されました。なお演算時間は 40 分であるものの 10 回以上の試行錯誤を行ってようやくたどり着いたものであり，本法の実用設計への応用は非常に困難という思いがします。最適化後の形状は図 3.13 左に示すとおりで，各要素の板厚は 0.1 mm から 1.0 mm に分布しています。

ほとんどの論文はここで終了していますが，我々の最終目的は具体的に安全な輸送箱の設計であり，図 3.13 左の構造のままでは板厚は一様でなく実際の設計仕様とすることは現実的ではありません。従来の位相最適化

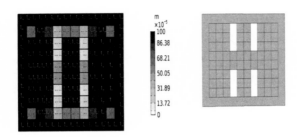

図 3.13　最適化解析によって得られた形状（左）と 0.3 mm 以下に穴を設け
たモデル（右）

解析では，図 3.13 左の結果をもとに，例えば，厚さ 0.3 mm 以下の箇所
に穴を設けたものとします。そのようにして得られたのが図 3.13 右です。
この構造に対し，同じく無拘束の条件で固有値解析を行いますと，固有周
波数は 7.33 Hz，7.53 Hz，18.00 Hz，18.14 Hz となり，再び目標から外
れてしまいます。このように，従来の密度法による位相最適化解析で目標
が達成できても，具体的な設計まで持ち込むことは容易ではありません。

**(2) 4 つの固有周波数が危険周波数域内にある課題への密度法位相最適化
解析技術の適用**

　現構造の段階で危険周波数帯域を 8.0〜20.0 Hz までに設定すると，
7 次の 8.14 Hz，8 次の 9.38 Hz に加えて，9 次の 19.14 Hz，10 次の
19.34 Hz も含めた 4 つの固有周波数が危険周波数帯域内にあることにな
ります。

　前項と同様に，まず目的関数に式 (3.39) を使用し，7〜10 次の目標周波
数をそれぞれ 5.6 Hz，6.8 Hz，20.5 Hz，20.7 Hz，$W = [1, 1, 1, 1]$ と
し，板厚を設計変数として下限 0 mm，上限 1 mm とし，終了条件およ
び重量拘束条件は前項と同様にして最適化解析を行います。すると，計算
反復回数が 190 で収れんしました。このときの 7 次〜10 次までの各固有
周波数は 7.46 Hz，7.89 Hz，17.99 Hz，18.80 Hz であり，8.0 Hz から
20.0 Hz まで固有周波数が存在しないという目標に達することはできませ
んでした。さらに前項と同様の試行錯誤を行いましたが，目標の結果は得

られませんでした。

　以上のように，従来の密度法位相最適化解析では収束が困難な場合，なぜなのか不明であったり，たとえ収束できたとしても閾値以下の箇所に穴を設けると目標からずれてしまったりするなど，実用的な設計に落とし込むのは困難という課題が残ります。次項でこれらを解消する新しい手法の提案を行います。

3.3.3　エネルギー密度を用いたインタラクティブ位相変更法の提唱

　新しく提唱するエネルギー密度を用いた位相変更法は次のとおりです。まず，移動させたい各固有周波数モードのエネルギー密度分布を調べ，歪エネルギー密度分布が大きいバネ部と運動エネルギー密度が大きいマス部の位置を固有モードごとに把握します。

　各固有角振動数は，式 (3.40) で示されます。

$$\omega_n = \sqrt{\frac{k_n}{m_n}} \tag{3.40}$$

ここで，ω_n, k_n, m_n はそれぞれ n 次の固有角振動数，等価剛性，等価質量です。式 (3.40) より，バネ部に穴を設けると等価剛性は小さくなり，マス部を補強すると等価質量が大きくなり固有角振動数は下がるということが分かります。逆に，固有角振動数を上げたい場合には，マス部に穴を設けると等価質量は小さくなり，バネ部に補強を設けると等価剛性は大きくなるため，固有角振動数を上げることができます。

　このように穴を設けるか，補強して固有周波数を制御しますが，軽量化の観点，作業効率の観点から，まず穴を設ける作業を優先します。

　さて，前項で示したように，従来の密度法による位相最適化解析では式 (3.39) を使用しても収束は容易に得られません。たとえ収束あるいは目標内に収れんできたとしても，最適化解析後にある閾値以下の要素に穴を設ける方式では，再び目標外になってしまう結果がしばしば生じ，従来手法では固有周波数を制御することは容易ではありません。

　本項では，エネルギー密度を参照しながらインタラクティブに，図 3.11 の平板モデルで上記の試行錯誤の末に目標値が得られたのと同一の 7.0 Hz 以上 17.0 Hz 以下を危険周波数域とする問題を扱います。無拘束の

条件で図 3.11 の平板の固有値解析を行いますと，7〜12 次までの固有周波数は前項に示したように，8.14 Hz，9.38 Hz，19.14 Hz，19.34 Hz，23.85 Hz，28.20 Hz です。7 次と 8 次の固有周波数が 7.0 Hz 以上 17.0 Hz 以下の危険周波数帯域内にあるため，まず，7 次，8 次を下げることを目指します。7 次，8 次を下げることにより，11 次はまず心配ないと考えられますが，9 次，10 次は危険周波数帯域内に入ってくる懸念もあります。そこで，7〜10 次について考えるため図 3.14 左に歪エネルギーおよび運動エネルギー密度分布を示します。

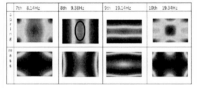 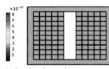

$$(7^{th}, 8^{th}, 9^{th}, 10^{th}) =$$
$$(5.49 \text{Hz}, 7.17 \text{Hz}, 16.26 \text{Hz}, 18.01 \text{Hz})$$

図 3.14　図 3.11 の平板モデルの 7 次〜10 次の固有モードの歪エネルギー密度分布（左上）と運動エネルギー密度分布（左下），8 次の歪エネルギー密度分布の○部に穴を設けたモデル（右）

　7 次のバネ部の領域は 8 次のバネ部を包含しています。そこでまず，図 3.14 左に示すように共通となる丸で示す領域に穴を設けることを考えます。

　ここで懸念されますのは，9 次，10 次の共振周波数が下がり 17.0 Hz 以下にならないか，ということです。上述の丸部は 9 次にとってみればマス部よりバネ部への影響が大きく，この穴の設置により 9 次の共振周波数は下がることが予測されます。そして 10 次も 9 次ほどではありませんがバネ部への影響が大きく，共振周波数が下がることが予測されます。丸で示す領域に穴を設けた図 3.14 右の状態で無拘束条件で固有値解析すると，7 次〜10 次の固有周波数は 5.49 Hz，7.17 Hz，16.26 Hz，18.0 1Hz となります。7 次は目標を満たしますが，8 次は依然として条件を満たしません。9 次，10 次は予想したとおり下がり，9 次は 17.0 Hz 以下と危険周波数帯域内に入ってしまいました。以上により，8 次を下げ，9 次を上

げる必要があります。図3.14右の状態でのエネルギー密度を図3.15左に示します。

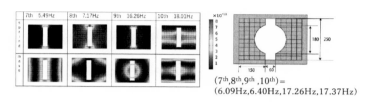

図3.15 図3.14右の平板モデルの7次〜10次の固有モードの歪エネルギー密度分布（左上）と運動エネルギー密度分布（左下），9次の運動エネルギー密度分布の〇部に穴を設けたモデル（右）

9次の運動エネルギー密度に着目して，丸で示すマス部に穴を設けます。穴は，円の中心座標 (210, 150)，半径 90 mm とします。この穴の他のモードへの影響を考察しますと，7次に対してはマス部への影響が大きく7次の固有周波数は若干上がることが予測され，8次はバネ部への影響がより大きく8次の固有周波数は下がることが予測されます。さらに10次に対してはバネ部への影響がより大きく，固有周波数が下がることが予測されます。この穴を設けた状態（図3.15右）で，無拘束条件で固有値解析すると得られる固有周波数は，6.09 Hz，6.40 Hz，17.26 Hz，17.37 Hz とそれぞれ予測どおりの方向に変化し，目標に達する結果が得られました。なお，ここで得られた図3.15右の形状の重量は当初重量の76 % です。

このように本項の提案手法を用いると，従来の密度法などによる位相最適化解析に比し，各固有周波数の変化の方向を予測しながら，言わばインタラクティブに・圧倒的に短時間で，しかもより正確に目標の結果が得られることが示されました。

なお，論文 [16] では数理計画法を援用し，例えば今回の 7.0 Hz 以下にするなどに対し，厳密に 6.5 Hz など目標周波数の設定や最小重量の条件も付加した上での検討も可能であることを示していますが，これについてはここでは割愛します。

3.3.4　従来の密度法位相最適化解析技術で対応ができなかった課題への適用

　本項では，従来手法では対応ができなかった 8.0～20.0 Hz まで固有周波数を存在させないという課題への適用を試みます。ここで改めて図 3.11 の平板モデルにおいて無拘束の条件で得られる 7～10 次の固有周波数は 8.14 Hz，9.38 Hz，19.14 Hz，19.34 Hz であり，この固有周波数を 8.0 Hz～20.0 Hz には存在させないことを目標とすると，これら 4 つの固有周波数を移動させる必要があります。そこで 7 次，8 次は 8.0 Hz 以下に，9 次，10 次は 20.0 Hz 以上に移動させることを考えます。

(1) 平板に穴を開ける場合

　上述の大前提どおりまず穴の設置で位相を変えることで，目標達成を試みます。

　図 3.16 左は，図 3.11 に示す平板の 7 次～10 次の運動エネルギー密度と歪エネルギー密度です。

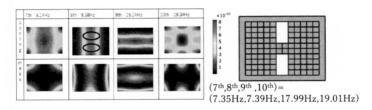

$(7^{th}, 8^{th}, 9^{th}, 10^{th}) =$
$(7.35Hz, 7.39Hz, 17.99Hz, 19.01Hz)$

図 3.16　図 3.11 平板モデルの 7 次～10 次の固有モードの歪エネルギー密度分布（左上）と運動エネルギー密度分布（左下），8 次の歪エネルギー密度分布の○部に穴を設けたモデル（右）

　前項で示されたように，7 次，8 次はともに顕著なバネ部を有し，7 次のバネ部は 8 次のバネ部を含んでおり，8 次のバネ部を参照し穴を設置することを考えます。しかし，この部分は 9 次，10 次ともマス部よりバネ部の色彩が高く，この部分に穴を設置すると 9 次，10 次の固有周波数も下がり，目標からさらに離れることが予測されます。9 次，10 次の固有周波数を上げるためには，それぞれのマス部に穴を設置する必要があります

が，両固有周波数ともに外形を保持すべく設計変数に加えない外周部に接する要素にのみマス部があるため，穴を設けることはできません。

　そのため現段階で9次，10次を上げることは断念し，まずは7次および8次を下げる対応のために丸で囲った部分に穴を設けます。形状は図3.16右に示すとおりになり，その結果得られる固有周波数は7.35 Hz，7.39 Hz，17.99 Hz，19.01 Hz となります。7次，8次は目標を達成しますが，9次10次も予想どおり下がってしまいます。図3.17に示すように，この状態での運動エネルギー密度分布からも穴を設けるべきマス部がなく，これ以上の対応は困難です。

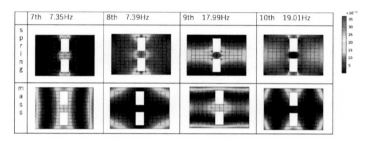

図3.17　図3.16右の平板モデルの7次〜10次の固有モードの歪エネルギー
密度分布（上）と運動エネルギー密度分布（下）

　すなわち，穴を設ける方式だけではこれ以上9次および10次の固有周波数を上げることは叶わず，課題を達成することが困難であることが分かります。

　以上から，目的となる固有周波数は，本提案法をもってしても叶わない課題設定であったために，3.3.2項の(2)で示されたように従来の密度法では対応ができなかったわけです。従来手法を使う場合に課題設定が適切かの判断などの前処理にも本手法は有効と言えるでしょう。

(2) 平板に穴を開け，補強もする場合

　ここで再び現行の状態，すなわち図3.11の平板モデルで無拘束の条件で得られる7〜10次の固有周波数 8.14 Hz，9.38 Hz，19.14 Hz，19.34

Hz において 7 次，8 次を 8.0 Hz 以下に，9 次，10 次を 20.0 Hz 以上に移動させる課題に対し，補強も許容する条件で試みます。

　(1) で検討したとおり，7 次，8 次のバネ部を対象に穴を設けると，7 次〜10 次の固有周波数は 7.35 Hz，7.39 Hz，17.99 Hz，19.01 Hz となります。穴の設置だけでは，これ以上 9 次と 10 次の固有周波数を上げることができないことは (1) で述べました。そこでまず，9 次，10 次のバネ部の補強検討からスタートします。ここで補強は簡単のため，補強部の板厚を 2 倍，すなわち 2.0 mm とします。図 3.18 に示す 9 次バネ部は中央部あたりに著しいものがあります。

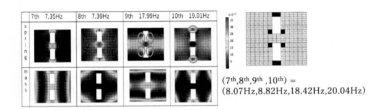

$(7^{th},8^{th},9^{th},10^{th}) =$
$(8.07Hz,8.82Hz,18.42Hz,20.04Hz)$

図 3.18　図 3.16 右の平板モデルの 7 次〜10 次の固有モードの歪エネルギー密度分布と運動エネルギー密度分布（左下），9 次と 10 次の歪エネルギー密度分布の○部の板厚を 2 倍にしたモデル（右）

　図 3.18 左の 9 次の図に示したように，板の中央部，丸で囲った部分を補強することで，9 次の固有周波数を上げることを目指します。それによる影響を考察すると，7 次には中央部に強力なバネ部があり，9 次のバネ部の補強により 7 次の共振周波数は上がることが予測されます。8 次については，明らかにバネ部が勝っており，9 次の補強で確実に上がることが予測されます。

　10 次についても明らかにバネ部が勝っており，9 次の補強だけで目標が得られる可能性も考えられますが，目標値まで 1.0 Hz もあるため，10 次のバネの丸部の補強についても検討します。その場合 7 次にとってはマス部の数値がより高く，10 次の補強により共振周波数が下がる可能性が高く，よい傾向です。8 次にとってはバネ部の数値がマス部の数値に勝っているところであり，共振周波数が上がる可能性があります。9 次に

とってはマス部の数値がバネ部の数値より大きく，共振周波数は下がる可能性があります。実際，この9次および10次の補強後の共振周波数を見ると，8.07 Hz，8.82 Hz，18.42 Hz，20.04 Hz であり，予想どおり7次や8次の固有周波数は8.0 Hz以上に上がってしまいました。また，9次はまだ目標には達せず，10次のみが目標を満たしています。このときのエネルギー密度分布は図3.19左に示すとおりです。

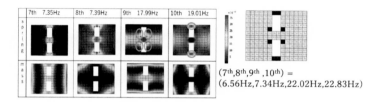

図3.19　図3.18右の平板モデルの7次～10次の固有モードの歪エネルギー密度分布（左上）と運動エネルギー密度分布（左下）9次と10次の運動エネルギー密度分布の〇部の板厚を2倍にしたモデル（右）

　まず下げる必要のある7次には4隅に顕著なマス部があり，ここを補強すると7次の共振周波数は下がるとともに，他の8次～10次もその部分はマス部がバネ部より勝っていることから共振周波数が下がることが予測されます。8次の運動エネルギー密度を見ると，平板両端の丸で囲ったマス部を補強すると8次の共振周波数は下がることが期待されます。また8次のマス部は9次，10次ともにマス部でもバネ部でもなく，ここを補強しても9次，10次の固有周波数に与える影響は小さいと予測されます。以上の2つの補強により，7次，8次は目標の周波数が得られる可能性があります。

　次に，9次の歪エネルギー密度を見ると黄丸部にバネ部が認められ，ここを補強すると9次は共振周波数が上がることが期待されます。他の共振周波数について見ると，7次はバネ部が勝っており，この補強によって共振周波数は上がる可能性がありますが，7次，8次のマス部の補強により下がるため問題ないと考えられます。8次については，マス部，バネ部としての強さは同程度であり9次の黄丸部のバネ部の補強による変化は

117

ないと考えられます。10 次への影響について見ると，9 次の補強部はバ
ネ部，マス部でもないためほとんど変わらないと思われます。

　以上のことから，7 次および 8 次のマス部と 9 次のバネの丸の部分を補
強すると，固有周波数は 6.56 Hz，7.34 Hz，22.02 Hz，22.83 Hz とな
り，ほぼ予測どおりの変化が得られ目標に達することができました。そ
の形状を図 3.19 右に示します。このように，提案手法は正にインタラク
ティブに固有周波数制御に有効な手法であり，以降，IEDT（インタラク
ティブエネルギー密度位相）変更法と称します。

3.3.5　IEDT 変更法まとめ

　設計現場では，複数の固有周波数を同時に，しかも，時には大幅に移動
させたいという要望があります。この要望に応えることのできる最も有用
な方法は位相最適化解析と考えられており，すでに多くの研究がありま
す。本節でも，多数の固有周波数を同時に制御すべく目的関数に一般化固
有値指標を使い，密度法による位相最適化解析を試みました。しかし，そ
もそも達成可能な課題かどうか判断できる術はなく，試行錯誤の末，結局
目標が達成できない場合と，ようやく目標が達成できた例を示しました。
しかも，一旦達成できたとしても位相最適化解析によって得られる構造形
状は凹凸があり，実際の設計仕様として現構造からある厚さ以下のところ
に穴を設けることがしばしばなされますが，その結果，目標からずれてし
まう可能性があることも示されました。

　そこで各固有周波数は等価剛性，等価質量で決まるという振動の原点に
立ち返り，下げたい周波数はバネ部に穴を設ける，あるいはマス部を補強
する，上げたい固有周波数はマス部に穴を設ける，あるいはバネ部を補強
することで固有周波数の制御を試みました。この提案手法によれば，従来
の密度法などによる位相最適化解析に比し，各固有周波数の変化の方向を
予測しながら言わばインタラクティブに圧倒的に短時間で，しかも，より
正確に目標の結果が得られることが示されました。また，この新手法の利
用法として，従来手法を使う場合の課題設定の適切さの判断などの前処理
にも利用可能であることも示されました。

　なお，本節の解析結果の一部は論文 [16] を参考としています。

3.4 IEDT 変更法のその後の発展

この IEDT 変更法は開発したばかりですが，その後の検討により，ここでは困難とされました「危険周波数帯域を 8.0～20.0 Hz とする」課題においても①穴だけ，②穴と補強の組合せ，③補強だけのいずれも IEDT 変更法で対応可能となりました [17]。論文 [17] も合わせてご覧いただけますと幸いです（本節では平板の無拘束の状態での検討としています。一方，文献 [17] では全周単純支持の条件で検討していますが，本質的な違いはなく，文献 [17] に倣って検討すれば，同様に①穴だけ，②穴と補強の組合せ，③補強だけのいずれの場合も設計仕様が得られます）。もちろん「従来法では困難」ということは変わりませんが，従来法では現行の位相の状態のままで解を求めるため，所謂ローカルミニマムに陥ることも分かりました [17]。

一方，IEDT 変更法では真にインタラクティブに位相を変えながら解を求めてゆくため，「振動問題特有の同じ場所の補強や穴の設置でも，補強のレベルや穴の大きさによって，固有周波数の増減の方向が変わるところまで追えます。すなわち，「危険周波数帯域を 8.0～20.0 Hz とする」課題では，穴を設ける方式だけではこれ以上 9 次および 10 次の固有周波数を上げることは叶わず，従来法では課題を達成することが困難であることが分かります。」としましたが，IEDT 変更法をもってすればそれも可能となるのです。例えば，同じ箇所の穴の設置でも，目的に反して固有周波数が一旦下がっても，運動エネルギーが歪エネルギーより大きくなる分岐点があり，穴をさらに大きくすることにより，目的どおり 9 次，10 次の周波数が上がってゆくことが可能となります。

更に，IEDT 変更法を図 3.20 に示すようなトラックのキャビンの騒音低減の問題にも適用してみました。各車両とも客室の形状が決まりますと，特に室内騒音を下げたい周波数帯域が出てきます。設計現場では，その周波数帯域の応答値の積分値を最小にする検討がなされます。この場合，図 3.20 の非常に数の多い要素の各板厚を設計変数とすることは容易でありません。これもこの問題となる周波数帯域から固有周波数を追い出す IEDT 変更法が効率の良い対策法となります。この方法だと，いくら

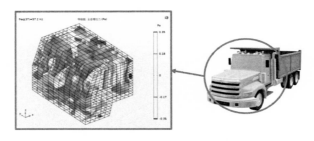

図 3.20　解析に用いたトラックキャビン有限要素法モデル

大規模構造でも歪・運動エネルギー密度の高い面だけを検討すればよいだけですので，極めて効率よく対策ができます。

3.5　まとめ

　自動車走行時の乗り心地特性は 5〜10 Hz，操縦安定性は 10〜20 Hz，室内騒音は 40〜300 Hz のように，特性を支配する周波数帯域は異なります。また，細胞や血液，苺や卵などそれぞれに傷みやすい周波数帯域もあります。このようなことから，固有周波数の制御の重要性は周知のとおりです。

　固有周波数の制御に最も期待されるのは位相最適化ですが，実際の設計にまでもっていくことは容易ではありません。例えば，収束しなかった場合は課題設定が適切だったのか，すなわち，元々達成できない課題なのか不明です。たとえ収束できたとして，得られる解は板厚分布の状態であり，このままでは製造は困難です。現行構造に穴を設置するのは容易であるものの，閾値以下の板厚部に穴を設けると，せっかく収束したところで目標値に達しないことがあります。

　新しく著者らによって提唱されたエネルギー密度位相変更法は，位相を変えながらインタラクティブに固有周波数を探していけるため，解空間が広く，これまで考えられなかった構造も得られます。しかも，直接位相が変わった状態で解が得られます。このインタラクティブ性を推進するのが

補正付摂動法です。補正付摂動法は前章の区分モード合成法で各部分構造の設計変更時の特性も高速高精度に与えます。補正付摂動法，区分モード合成法，エネルギー密度位相変更の組み合わせは今後広く利用されていくものと期待されます。

参考文献

[1] 山崎賢二，萩原一郎：構造変更時の動特性予測精度向上のための補正付き摂動法の提案，『日本機械学会論文集 C 編』，72 巻・720 号，pp.2492-2499 (2006-8).

[2] 山崎賢二，萩原一郎：構造変更時の動特性予測精度向上のための補正付き摂動法の提案（第 2 報，実用モデルへの適用），『日本機械学会論文集』，073 巻・731 号 C 編，pp.1940-1947 (2007-5).

[3] 馬正東，萩原一郎：高次と低次のモードの省略可能な新しいモード合成技術の開発，第 1 報（ダンピング系の周波数応答解析），『日本機械学会論文集 (C 編)』，57 巻・536 号，pp.1148-1155 (1991-4).

[4] 寺根哲平，萩原一郎：補正付き摂動法の高効率化に関する研究，『日本機械学会論文集 C 編』，74 巻・739 号，pp.542-547 (2008-3).

[5] 萩原一郎，寺田耕輔：コアパネルおよび緩衝材，特許番号：第 7161180 号（2022 年 10 月 18 日）.

[6] Bendsoe, M.P. and Kikuchi, N.: Generating optimal topologies in structural design using a homogenization method, *Comput. Methods Appl. Mech. Engrg.*, 71, pp.197-224 (1988).

[7] 西脇眞二：トポロジー最適化の考え方とその動向，『精密工学会誌』，86 巻・6 号，pp.391-394（2020）.

[8] 菊池昇：均質化法による最適設計理論，『応用数理』，3 巻・1 号，pp.2-26 (1993).

[9] 馬正東，菊池昇，鄭仙志，萩原一郎：振動低減のための構造最適化手法の開発（第 1 報 ホモジェニゼーション法を用いた最適化理論），『日本機械学会論文集 (C 編)』，59 巻・562 号，pp.1730-1736 (1993-6).

[10] Tenek, L.H. and Hagiwara, I.: Static and Vibrational Shapeand Topology Optimization Using Homogenization and Mathematical Programming, *Comput. Methods in Appl. Mech. Engrg.*, Vol.109, pp.143-154 (1993-10).

[11] Tenek, L.H. and Hagiwara, I.: Optimal Plate and Shell Topologies Using Thickness Distribution or Homogenization, *Comput. Methods in Appl. Mech. Engrg.* Vol.115 Nos.1&2, pp.111-124 (1994-7).

[12] 阿部綾，寺田耕輔，屋代春樹，萩原一郎：https://cir.nii.ac.jp/crid/1390001288139 242240 治療および再生医療用の血液・細胞を安全に輸送する折紙輸送箱実現のための計算力学手法の開発，『計算力学講演会講演論文集』(2018).

[13] 萩原一郎，崎谷明恵：意匠に係る物品：「包装用箱の内蓋」，意匠登録第 1641298 号 (2019.8.23).

[14] Mike, J.D. and Powell: A direct search optimization method that models the

objective and constraint functions by linear interpolation, Proc. Sixth Workshop on Optimization and Numerical Analysis, Vol.275, pp.51-67, Kluwer Academic Publishers, Dordrecht, NL (1994).

[15] COMSOL Multiphysics v. 5.5. www.comsol.com. COMSOL AB, Stockholm, Sweden (2019).

[16] Sasaki, T., Yang, Y. and Hagiwara, I.: https://researchmap.jp/read0047181 /published_papers/40617456 Proposition of a New High Speed and High Efficiency Control Method for Plural Eigen Frequencies by Changing Topology, *International Journal of Mechanical Engineering and Applications*, 10 (6), pp.135-143 (2022-11).

[17] 佐々木淑恵，萩原一郎，固有値制御のためのエネルギー密度位相変更法の提案, 日本機械学会論文集, 2023 年 89 巻 927 号, 発行日: 2023 /11/25, [早期公開日]: 2023/11/13. DOI: 10.1299/transjsme.23-00142.

第 4 章

機械学習と
応答曲面最適化法

4.1　はじめに

　本章主題の応答曲面最適化法 (RSM) は，試行点の応答値（学習値）から未検討の設計点の応答値（予測値）を求めるものであり，これは，学習値を学習し予測する機械学習そのものであることはすでに文献 [1] にて述べています。サロゲートモデルは今や話題になりつつありますが，膨大な入力データを用意する必要があります。

　ここで，自動車技術会の委員会で提案しました [2] ように，一つの代表的な図 4.1 のサロゲートモデルを最適化サロゲートモデルに置き換えます。すると，本章で紹介しますホログラフィックニューラルネットワーク (HNN) を用いた MPOD (Most Probable Optimal Design) 法 [1] を利用することにより，極端に準備する入力データのケース数を削減することができます。これは，MPOD では真っ先に最適値のありそうなところを求め，そのあたりだけのデータを集めればよいからです。

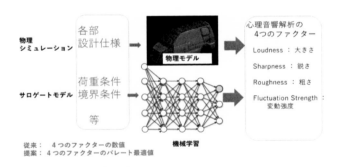

図 4.1 音質検討のためのサロゲートモデルの一例

　最適化法で最もポピュラーなのは，第 2 章で述べた感度解析を用いた数理計画法最適化です。しかし，流体や非線形構造問題では感度を求めることが叶わず，RSM が使用されます。RSM で重要なのは，応答曲面の関数と試行点の選択です。RSM の代表的なものに実験計画法があります [3]。ホワイトは，車両衝突時の減速度応答曲面を 2 次多項式関数で近似し，近似モデルの解析誤差をある範囲に収めることを目的に設計試行

点を効率よく選ぶ検討を行っています [4]。この設計点の選び方に関する代表的な方法として直行表法，CCD (Central Composite Design) 法，D-optimality 法などが挙げられます [1] が，実験計画法では試行点は固定されることが多く，応答関数は多項式のため後述の図 4.2 に示すような複雑形状への適用は困難です。

　関数形として，現在の第 3 次 AI ブームを牽引する CNN (Convolutional Neural Network) の関数形である BNN (Back Propagation Neural Network) と多項式を用いた場合の比較がなされ [5]，その結果，やはり BNN の方が精度が良いが計算時間が長い点で効率は良くないことも指摘されています。

　一方，HNN を用いた場合では多項式を利用する場合より効率が良いことが示されています [6,7]。以上から応答曲面最適化における MPOD 法の優秀性を本章で示します。

4.2 ホログラフィックニューラルネットワーク (HNN) の理論とその拡張

　本節では、後述の MPOD のベース関数である HNN の基本理論を確認します。

4.2.1 HNN の基礎理論

　HNN は入出力データを複素平面に写像することにより入出力関係が線形になることを利用したニューラルネットワークであり，Sutherland [8] により開発され，上述のように，萩原らにより最適化解析 [7,9-13] やシステム同定 [6] へ利用する方法が検討されました。

　ここで，入力ベクトル $X = \{x_1, x_2, \ldots, x_k\}^T$ と出力ベクトル $Y = \{y_1, y_2, \ldots, y_m\}^T$ で表される 2 つの実ベクトルを仮定します。もし，n 個の教師データがある場合，入力行列を X，出力行列を Y とすると，それらは式 (4.1) で表されます。

$$X = \begin{pmatrix} X_1^T \\ \vdots \\ X_n^T \end{pmatrix} = \begin{pmatrix} x_{11} & x_{12} & \cdots & x_{1k} \\ x_{21} & x_{22} & \cdots & x_{2k} \\ \vdots & \vdots & \ddots & \vdots \\ x_{n1} & x_{n2} & \cdots & x_{nk} \end{pmatrix} \quad Y = \begin{pmatrix} Y_1^T \\ \vdots \\ Y_n^T \end{pmatrix} = \begin{pmatrix} y_{11} & y_{12} & \cdots & y_{1m} \\ y_{21} & y_{22} & \cdots & y_{2m} \\ \vdots & \vdots & \ddots & \vdots \\ y_{n1} & y_{n2} & \cdots & y_{nm} \end{pmatrix}$$

$$(4.1)$$

行列 X と Y の要素は，写像関数 f_x と f_y により角度 $\theta_{ai}(a=1,\cdots,n;i=1,\cdots,k)$ と $\phi_{aj}(a=1,\cdots,n;j=1,\cdots,m)$ に変換できます。

$$\theta_{ai} = f_x(x_{ai}) \quad \phi_{aj} = f_y(y_{aj}) \tag{4.2}$$

f_x と f_y には，線形関数やシグモイド関数，逆正接関数等が使用されます。次に，指数関数より角度を複素平面上に写像します。

$$s_{ai} = \lambda_{ai} e^{\hat{i}\theta_{ai}} \quad r_{aj} = \gamma_{aj} e^{\hat{i}\phi_{aj}} \tag{4.3}$$

式 (4.3) において，$\hat{i}$ は虚数単位です。式 (4.2),(4.3) の演算を通して，入力 X と出力 Y は複素平面上にそれぞれ刺激 S と応答 R として配置されます。

$$S = \begin{pmatrix} s_{11} & s_{12} & \cdots & s_{1k} \\ s_{21} & s_{22} & \cdots & s_{2k} \\ \vdots & \vdots & \ddots & \vdots \\ s_{n1} & s_{n2} & \cdots & s_{nk} \end{pmatrix} \quad R = \begin{pmatrix} r_{11} & r_{12} & \cdots & r_{1m} \\ r_{21} & r_{22} & \cdots & r_{2m} \\ \vdots & \vdots & \ddots & \vdots \\ r_{n1} & r_{n2} & \cdots & r_{nm} \end{pmatrix} \tag{4.4}$$

HNN の伝達関数を $H = [h_1,\ldots,h_m]$ とすると，教師データ R と積 $S \cdot H$ の差の最小化条件から

$$H = (S^* \cdot S)^{-1} \cdot S^* \cdot R \tag{4.5}$$

が得られます [8]。ここで，記号*は行列の共役転置を表します。行列 H を用いて新しい入力 U に対する出力 V は式 (4.6) により予測します。

$$V = U \cdot H \tag{4.6}$$

4.2.2 伝達関数の逆行列の求め方の検討

萩原らは文献 [13] で，式 (4.5) の $(S^* \cdot S)$ に逆行列が存在しない場合，ムーア・ペンローズ一般化逆行列を用いることも考えられるものの，ニューラルネットワークに特有な現象であるオーバーフィッティング現象が生じることがあることを示し，代わりに，次のようなペナルティ関数を定義しています。

$$f(h_k) = (r_k - Sh_k)^* (r_k - Sh_k) + \rho_1 h_k^* O h_k + \rho_2 h_k^* h_k \, (k = 1, \dots m)$$

(4.7)

ここで行列 O は要素がすべて 1 の正方行列です [13]。この関数内の各項の意味は，第 1 項が出力に対する近似誤差，第 2 項は回帰係数 h_k の平均，第 3 項はばらつきを表し，それぞれ係数を ρ_1, ρ_2 により重み付けされています。式 (4.7) に対して H に何らかの制約がないと一意的に推定できないことから，このような条件を追加しています。理論上，第 2 項がなくても H は一意的に推定できますが，ある方が安定的です [13]。ペナルティ関数が最小になるように式 (4.7) から H を推定すると次式になります。

$$H_P = (S^* \cdot S + \rho_1 O + \rho_2 I)^{-1} \cdot S^* \cdot R$$

(4.8)

この場合，式 (4.6) は式 (4.9) となります。

$$V = U \cdot H_P$$

(4.9)

4.2.3 HNN の外挿性

Sigmoid 関数は実数開空間を $[0, 2\pi]$ の位相閉空間に写像します。例えば，実数閉領域 $[0, 1]$ が $[0.5\pi, 1.5\pi]$ に写像されたとします。$[0, 1]$ 内の入力データはすべて $[0.5\pi, 1.5\pi]$ に写像され，その応答値は学習データから内挿されます。ところで「1.1」という入力データは当然 $[1.5\pi, 2\pi]$ の間に写像され，その応答値は学習データから外挿されます。つまり $[0, 1]$ の外側に $[0, 0.5\pi]$, $[1.5\pi, 2\pi]$ という領域を割り当てることにより，外挿が可能になります。

しかし外挿が可能であると言っても，HNN の外挿性とは設計領域の外

127

側にも写像領域を分け与えることによりある程度までの外挿が可能になるということであり，学習データから離れれば当然その応答値の予測は悪くなります。最適化問題において，境界上に最適解をもつ場合は少なくありません。そのために境界上にも試行点をとりたいですが，図 4.2 のような不規則な境界条件をもつと，これができません。しかし，HNN の外挿能力はこういった問題にとても有効です [9, 10]。

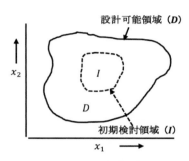

図 4.2　凹凸のある複雑な形状

4.2.4　HNN の近似特性

次の 1 変数の関数形を例として HNN と多項式との近似能力の比較を行います。

$$f(x) = 10x^5 \left(x^2 - 2\right) e^{-x^2}, \, -4.0 \le x \le 3.0 \tag{4.10}$$

本題は図 4.3 に示すように多峰性の問題です。設計領域 [-4.0,3.0] を均等に分割し，15 点の設計点を設けます．図 4.4 に比較結果を示します。

図 4.4(a),(b) の横軸はそれぞれ多項式の次数と HNN の拡張項の数で，縦軸は設計領域内の均等分割点 200 点で求めた関数形の近似精度の標準偏差です。同図で HNN では拡張の項数 9 以降の標準偏差値は 0.3 ですが，多項式の場合は次数が 14 以上でも標準偏差値は 1.0 以上です。設計変数の数が多くなればなるほど近似するために必要な設計点の数の差はさらに大きくなり，多項式を用いる場合は次数を相当多くとる必要があります。そのため図 4.3 のような多峰性問題には多項式は不向きと言えます。

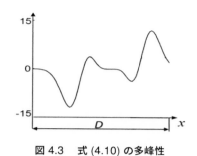

図 4.3　式 (4.10) の多峰性

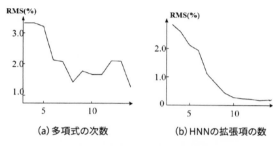

(a) 多項式の次数　　　　(b) HNNの拡張項の数

図 4.4　多項式と HNN の性能比較

4.3　HNN を使った応答曲面最適化 (MPOD) 法

　4.2 節に示したような HNN の優れた近似能力や外挿も可能な特性を利用し，多項式を使った実験計画法とは異なる，まず全域から最適値の存在する領域を特定し，次にその近傍の精度を高めるという，試行点を極力少なくする手法の開発を試みました。この手法を MPOD (Most Probable Optimal Design) 法と言い，2 つのステップからなります。ステップ 1 では全設計領域から最適解がありそうな領域を探索し，次のステップ 2 ではその領域の近似精度を向上させます。

4.3.1　MPOD のステップ 1 −全領域から最適解を与える領域候補の探索

　一様分布乱数により，N 個の初期学習点を決めます。このとき式 (4.11)

の条件を付加することにより，近接した点を選ばないようにします。

$$d_{min} \leq \min \left(\left\| X_i - X_j \right\| \right), \ (i, j = 1, 2, \ldots, N, \ i \neq j) \tag{4.11}$$

ここで，d_{min} は許容最短距離であり，その値の大きさによって近似精度と解析回数のトレードオフのバランスをとることができます。また，式 (4.11) は図 4.5 に示すような多峰性関数形において，d_i (i = 1, 2) は領域の大きさで，その領域内の極大値の 0.7 倍より大きい区間長さでもあります。d_{min} を d_1 より小さく d_2 より大きく設定した場合には，ピーク A2 は近似できませんが，ロバスト性の良いピーク A1 は近似できます。ここで，ロバスト性が良いとは，A2 を目指した場合は最適点から少しずれるととても悪い値となりますが，A1 を目指した場合は最適点から少しずれても最適値に近い値が得られることを意味します。

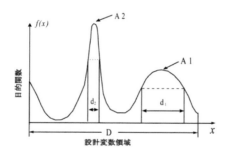

図 4.5　多峰性関数の極大部の大きさの定義

また，最初の試行点数（学習点数）N ですが，設計変数の数を n としますと，$N = (n + 1)(n + 2)/2$ とします。ただし，詳細な精度が要求される場合や計算コストがかからない問題では N を大きくし，逆にロバスト性の良い最適化が要求される場合や 1 回の試行計算の長い場合は N を小さくします。各学習点の応答値を求め，HNN に学習させて応答曲面を作成します。これにより最適解 $\hat{X}_k$ を探し，式 (4.12) で最適解の収束判定を行います。

$$\frac{\left\| \hat{X}_k - \hat{X}_{k-1} \right\|}{\left\| \hat{X}_{k-1} \right\|} \leq \varepsilon_1 \tag{4.12}$$

ここで k は反復の回数です。もし満たされなければ学習点の追加を行います。学習点の追加には，条件 (4.11) を付加した $\hat{X}_k$ を中心とする正規分布乱数を用います。

すなわち，正規分布乱数の分散 σ_i を式 (4.13) のように決定します。

$$\sigma_i = \alpha_i \left(\hat{x}_{i,k} - \hat{x}_{i,k-1} \right), (i = 1, 2, \ldots, n) \tag{4.13}$$

ここで，$\alpha_i \, (i = 1, 2, \ldots, n)$ は分散の制御係数で，σ_i は $\hat{x}_{i,k}$ の変化量によって決めます。さらに，α_i の大きさを調整することによってトレードオフの関係を統合的に考慮することができます。すなわち，α_i を大きく取ることによって学習点のばらつきは大きく，全領域にわたって応答曲面の近似精度は高く，試行点の数は多くなります。逆に，α_i を小さくとれば，全領域にわたって応答曲面の近似精度は低く，学習点の数は少なくなります。ここで，1 回目の反復では一様分布乱数を用います。追加学習点が決定しましたら，その応答値を求めて再び HNN に学習させ，最適解を求めます。これを，式 (4.12) を満たすまで繰り返します。

4.3.2 MPOD のステップ 2 − 最適解を与える領域候補の応答曲面の精度の向上

$\hat{X}_k$ をステップ 1 で収束した近似最適値を与える設計変数の値，$f\left(\hat{X}_k\right), \hat{f}\left(\hat{X}_k\right)$ と $g\left(\hat{X}_k\right), \hat{g}\left(\hat{X}_k\right)$ はこれに対応する目的関数と拘束関数の正解値と応答曲面から得られる近似値，ε_2 を収束の閾値として，式 (4.14)，(4.15) の収束条件を満たせば最適化ルーティンを終了とします。そうでなければ，$\hat{X}_k$ を追加学習点として再学習を行い，近似関数を更新します。

$$\frac{\left\| f\left(\hat{X}_k\right) - \hat{f}\left(\hat{X}_k\right) \right\|}{\left\| f\left(\hat{X}_k\right) \right\|} \le \varepsilon_2 \tag{4.14}$$

$$\frac{\left\| g\left(\hat{X}_k\right) - \hat{g}\left(\hat{X}_k\right) \right\|}{\left\| g\left(\hat{X}_k\right) \right\|} \le \varepsilon_2 \tag{4.15}$$

以上の流れを図 4.6 に示します。

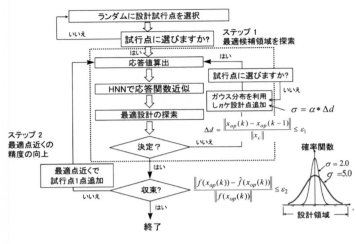

図 4.6　MPOD のフローチャ-ト

4.4　MPOD の適用

本節では MPOD を車両の乗り心地問題や室内騒音問題に適用し，その優秀性を示します。

4.4.1　車両のアイドリング振動への適用

MPOD は衝突問題などの非線形問題にも適用されています [9, 10] が，ここではアイドリング振動とこもり音問題に適用された例について述べます。

(1) アイドリング振動現象

自動車の開発では，騒音や振動，乗り心地といった NVH 性能の確保や耐久面への配慮だけでなく，エンジンマウントも振動絶縁や振動エネルギー吸収を考えて設計されています。従来のエンジンマウントの研究では，パワートレインとエンジンマウントからなるマウント系の固有モードをまず非連成化し [14]，その非連成化された固有モードを車体モデルに

組み込み，マウント特性を再調整することが一般的でした。しかし，この方法では非連成化された1つのモードにエネルギーが集中する現象が生じてその共振域レベルが急峻となり，2つ以上のモードが連成した場合，より悪化することが，実車の開発でよく経験されています。そこで車体との連成を考慮し，アイドリング振動レベルなどの最終的な性能を直接的に目標値にできる方法が必要となりました。

　これまでにもエンジンマウント系と車体系との連成を考慮した報告はありましたが，車体が剛体と扱われていたり [15]，車軸方向第1次曲げモードと第1次ねじりモードの和でその特性を表現する [16] など，厳密性を欠いています。

　ここでは車体との連成を考慮したパワートレイン，エンジンマウント，車体からなる車両系を解析し，その振動レベルを目標値として，エンジンマウントの配置位置とその特性の最適化を試みます。その際，車体モデルは 50 Hz までに含まれる全モードを表現できる程度に詳細な有限要素モデルとしています。ただし大規模な車両系 FEM モデルを繰り返し解くのではなく，車体 FEM モデルとパワートレイン FEM モデルを非拘束モーダルモデルに変換し，エンジンマウントを線形バネ要素と等価粘性減衰要素としてモデル化して，第2章で紹介しました区分モード合成法によって諸特性を求めます。

　最適化計算の中で変更されるのはエンジンマウントのみであり，あらかじめ計算されている車体，パワートレインの非拘束モードを用いると，短時間で振動応答を計算することができます。FEM モデルの節点にエンジンマウントを配置しますので，その値は離散値になります。設計変数が離散値をとる最適化問題への解法として GA（遺伝的アルゴリズム）がよく利用されますが，ここでは，MPOD 法を利用し GA と比較してみます。

(2) 車両の数値解析
(a) エンジンマウントのモデル化

　ここでは，図 4.7 に示すような重心支持マウントレイアウトを想定して解析を行います。

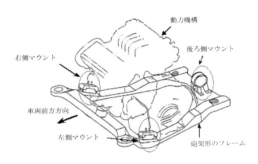

図 4.7　3 つのマウントモデル

図 4.7 のモデルは主マウント 3 個でパワートレイン自重を支持するのが特徴です。このエンジンマウントを並進方向 x, y, z の線形バネ要素と等価減衰要素でモデル化します。質量はパワートレイン系や車体系に比べて小さいので無視します。

(b) パワートレインの解析モデル

パワートレインは車体に比べ剛性が十分に大きいので剛体とみなして，6 自由度の運動方程式で表し，6 個の剛体モードでこの部分要素を表現します。

(c) 車体解析モデル

図 4.8 に車体 FEM モデルを記します。このモデルを固有値解析して，50 Hz 以下の解析周波数領域で抽出される 44 個の固有モードで車体部分を表現します。

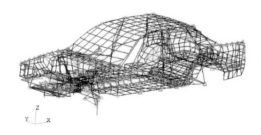

図 4.8　車体 FEM モデル

(d) 完成車解析モデル

　エンジンマウントのバネ定数と減衰値，パワートレイン系と車体系それぞれの固有モード，固有値と固有減衰係数を用いて，区分モード合成法により完成車解析モデルを作成します。この完成車モデルは 50 個 (= 6 + 44) の自由度をもち，物理座標系に比べて非常に少ない自由度で表現されています。また，最適化の繰り返し計算の中で変更される箇所はエンジンマウントのみなので，一度計算されたパワートレイン，車体の固有値，固有モードはそのまま利用できます。

(3) 最適化問題の設定
(a) 設計変数の設定
(a)-1 マウントの配置位置

　図 4.9 にマウントの配置候補の 34 ヶ所を示します。

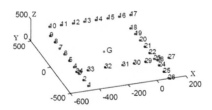

図 4.9　候補となるマウント位置

　この候補地はパワートレインを囲むように配置されており，この中から 3 点を選択します。3 個のマウントの配置場所の番号を p_{t1}, p_{t2}, p_{t3} とおきますと次式の関係が成り立ちます。

$$1 \le p_{t1} < p_{t2} < p_{t3} \le 34 \tag{4.16}$$

　3 個のマウントを近接して配置すると，パワートレイン自重の支持が不安定になります。そこでこれに対処するために，式 (4.17) の制約を付けます。

$$p_{t2} - p_{t1} \ge 5$$

$$p_{t3} - p_{t2} \geq 5 \tag{4.17}$$
$$p_{t1} + 34 - p_{t3} \geq 5$$

(a)-2 マウントのバネ定数と減衰値

各マウントの絶対座標系 x, y, z 方向のバネ定数と減衰値の値は連続値として与えます。マウント剛性には，アイドリング振動以外の性能を保証するために，以下の静的な制約条件を設定します。

・ エンジン始動時の過渡振動や加減速ショックに影響する前後剛性

$$\sum_{i=1}^{3} k_{xi} = 35.0 \, [\text{kgf/mm}] \tag{4.18}$$

・ 操縦安定性に影響する左右剛性

$$\sum_{i=1}^{3} k_{yi} = 45.0 \, [\text{kgf/mm}] \tag{4.19}$$

・ エンジンシェークに影響する上下剛性

$$\sum_{i=1}^{3} k_{zi} = 45.0 \, [\text{kgf/mm}] \tag{4.20}$$

ただし，$k_{di} \, (d = x, y, z, i = 1, 2, 3)$ は i 番目のマウントの d 方向の剛性です。また，各剛性値，減衰値には上下限値があり，それらをまとめると以下のようになります。

$$
\begin{aligned}
&7.0 \leq k_{xi} \leq 21.0 \\
&9.0 \leq k_{yi} \leq 27.0 \\
&9.0 \leq k_{zi} \leq 27.0 \\
&0.02 \leq c_{di} \leq 0.1 \, (d = x, y, z, i = 1, 2, 3)
\end{aligned} \tag{4.21}
$$

安定性のために，減衰値にも剛性値同様の制約条件を設けると，次式になります。

$$\sum_{i=1}^{3} c_{di} = 0.1 \, (d = x, y, z) \tag{4.22}$$

全設計変数は，マウント配置位置の 3 つと，各マウントが 3 方向の剛性値，減衰値をもちますので，計 21 個となります。しかし，各方向の剛性値，減衰値には線形等式制約条件がありますので，式 (4.17)，(4.20) から

$$k_{d3} = 35.0 - (k_{d1} + k_{d2}) \quad (d = x, y, z)$$

$$14.0 \leq k_{d1} + k_{d2} \leq 28.0 \tag{4.23}$$

のように変形できます。つまり計 21 個の設計変数と 6 個の線形等式制約条件が，計 15 個の設計変数と 6 個の境界条件に変形できます。表 4.1 に 15 個の設計変数を，表 4.2 に 6 個の境界条件をまとめます。

表 4.1　21 個の設計変数

	マウント 1	マウント 2	マウント 3
取付け位置	p_{t1}	p_{t2}	p_{t3}
x 方向剛性	k_{x1}	k_{x2}	k_{x3}
y 方向剛性	k_{y1}	k_{y2}	k_{y3}
z 方向剛性	k_{z1}	k_{z2}	k_{z3}
x 方向減衰	C_{x1}	C_{x2}	C_{x3}
y 方向減衰	C_{y1}	C_{y2}	C_{y3}
z 方向減衰	C_{z1}	C_{z2}	C_{z3}

表 4.2　6 個の境界条件

下側		上側 r
14.0	$k_{x1} + k_{x2}$	28
18.0	$k_{y1} + k_{y2}$	36
18.0	$k_{z1} + k_{z2}$	36
0.04	$C_{d1} + C_{d2(d=x,y,z)}$	0.08

(b) 目的関数の設定

アイドリング振動は主に，乗員の着座しているシート取り付け位置で計測されるので，座席を取り付ける車体クロスと左右のサイドシルとの交点の 2 点を観測点とします。この点における上下方向の振動加速度の周波数応答関数ゲインは図 4.10 のようになります。

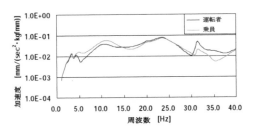

図 4.10　観測点の加速度応答周波数特性

エンジンの冷態時までのアイドリング振動を考慮すると，エンジン回転数は 600〜900 rpm の範囲になり，図 4.10 では 20〜30 Hz の周波数範囲の振動に相当します。つまりこの周波数範囲の振動応答を下げたいので，目的関数はこの範囲の周波数応答関数を周波数で積分したものを用います。ただし観測点が 2 点なので，2 点の積分値を足したものを目的関数とします。なお，積分は 0.2 Hz 刻みの台形積分を用いています。

(4) 最適化結果
(a) MPOD の適用

まず初期サンプリング点として，N 種類のマウントレイアウトとその目的関数の応答値を求めます。N は式 (4.24) より求めます。式 (4.24) は 2 次の多項式で近似するのに最低限必要な点数を表します。ここで L は設計変数の数です。

$$N = (L + 1)(L + 2)/2 \tag{4.24}$$

$L = 15$ とすると，$N = 136$ です。各サンプリング点は式 (4.16)，(4.17)，(4.21) と表 4.1，4.2 からなる実行可能領域内から採取します。実行不能領域から集めないのは，近似を良くしたい実行可能領域にサンプリング点を集中させたいからです。式 (4.12)，(4.14) の $\varepsilon_1, \varepsilon_2$ をともに 0.05 に設定し，式 (4.13) の α_i を 1.5 としています。

また，HNN により補間した近似関数上の最適解を探索するのに GA と SQP (Sequential Quadratic Programming) 法（逐次二次計画法）を併用しています。SQP 法は，GA によって得られた解を初期点とした

場合と前回の最適解を初期点にした場合，サンプリング点の中で最良のものを初期点とした場合とで，計3回実行しています。ただし SQP 法によって得られる解は連続値なので，最後にこの解の周りで離散値の解を探索しています。そして，これらの最適解候補の中で最小のものを各繰り返しでの最適解としています。

(b) GA との比較

MPOD 法で得られた最適解の有効性を確認するために，同様の問題に GA を適用した結果も示します。GA については問題によりさまざまな方法が提案されています [17] が，ここでは基本的なものを利用します。実数型遺伝子でエリート保存戦略を採用し，母集団サイズを 50，世代数を 100 としています。表 4.3 に GA と MPOD 法の結果を比較します。

表 4.3　MPOD と GA の比較

		MPOD	GA
A	最適設計値での応答値	0.244	0.240
B	サンプル点数	189	5000
C	全計算時間 [sec]	1571.8	1256.8
D	全サンプル点での応答値算出時間	43.7	1150.0
E	応答値算出時間 (D) の全計算時間 (c) に対する割合 [%]	2.78	91.50

A 項では得られた最適解の目的関数値を比較していますが，2 つの値は近く，MPOD 法で GA と同程度の解が得られることの確認ができます。B 項では，必要としたサンプリング数，つまり目的関数の計算回数を比較していますが，MPOD 法の方が GA より少ないです。しかし，全計算時間（C 項）では逆転していることが分かります。今回の問題では 1 回あたりの目的関数の計算時間は約 0.23 秒です。これを用いて求めたのが全目的関数の計算時間 D 項であり，これが全計算時間に占める割合（E 項）は，MPOD 法が約 3 ％，GA が約 90 ％となります。つまり GA の場合，1 回あたりの目的関数の計算時間が全計算時間に与える影響が大き

いということが分かります。

　一方，MPOD 法で最も時間のかかるプロセスは，毎回更新される近似関数上の最適解を探すときです。近似関数に対しての GA は毎回数秒で終了しますが，SQP 法は初期点によっては数分かかる場合もあります。つまり MPOD 法では，いかに効率よく近似関数上の最適解を探すかが計算コストを下げる鍵であることが分かります。目的関数の計算時間がかかるような問題に対しては，サンプリング数，つまり目的関数の呼び出し回数の少ない MPOD 法が有効であると言えます。

　ここで MPOD 法を用いてアイドリング振動がどれだけ削減されるか見てみましょう。図 4.11 に最適化された観測点における周波数加速度応答ゲインを示します。アイドリング振動域である 20〜30Hz の応答は下げられていますが，それより低い 5〜15Hz の領域で悪化傾向にあります。

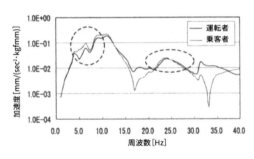

図 4.11　最適化応答

　そこで目的関数の積分範囲を 0〜30Hz に拡張した最適化問題を考えます。他の問題設定は同じです。今回は収束するまでに，サンプリング点は 189 点を必要とし，全計算時間は 1547.6 秒でした。この最適化問題では，1 回あたりの目的関数の計算時間は約 0.69 秒であり，最初の問題と比べて約 0.46 秒の増加となります。仮に GA を適用した場合に 5000×0.46=2300 秒の計算時間の増加となることから，MPOD 法の計算時間での有効性が確認できます。最適化された応答を図 4.12 に示します。問題となっていた低周波数域の悪化を抑えて，アイドリング振動域の低減

が確認できます。

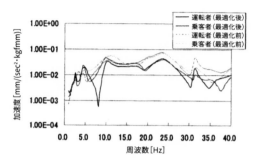

図 4.12　低周波を重視した最適応答

(5) 結論

・ 多設計変数の最適化問題に MPOD 法を適用するにあたり，サンプリング数の増大を抑制する方法を提案しました。GA との比較により，この手法がサンプリング数を抑えて GA と同程度の解が得られることを確認しました。また，計算時間に関しては，1 回の解析時間が長くなればなるほど MPOD 法が有利となることを確認しました。

・ アイドリング振動の低減を目的としたエンジンマウントの最適配置問題では，低周波数域の悪化を抑えたアイドリング振動の低減化ができました。

4.4.2　簡略化車両モデルのこもり音問題

(1) 簡略化車両モデルを用いた最適化問題の設定

　本節では，乗用車の特にワゴンタイプ車の振動騒音問題として，タイヤが路面の凹凸を通過する際などに問題となる，40〜60 Hz 域のこもり音に注目します。手始めに，車両系を模擬した図 4.13 のような簡易 FE モデルを作成しこれを最適化することを考えます。

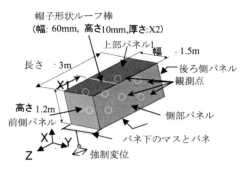

帽子形状ルーフ棒
（幅: 60mm, 高さ10mm,厚さ:X2）
上部パネル1　幅　·1.5m
長さ　·3m
後ろ側パネル
観測点
X1
高さ1.2m
前側パネル
側部パネル
X
Y
Z
バネ下のマスとバネ
強制変位

図 4.13　簡易車両 FEM モデル

(2) 車体パネル-車室音響系 FEM モデル

　幅 1.5 m，前後長 3 m，高さ 1.2 m の典型的なワゴンタイプ車の平均的な寸度をもち，問題域の車体パネル固有モードを定性的に表現できる簡易 FEM モデルを解析の対象とします。すなわち直方体形状ボックスを車体構造，ボックス内部を車室内空間とみなします。有限要素数とサイズは，パネル部を 1980 個の 1 辺 0.1 m，板厚 1 mm の四辺形板要素，車室部を 5400 個の 1 辺 0.1 m の立方体音響要素とします。

　いま「上面パネル構造系」と「前後方向音響系」の連成状態を扱うために，上面パネル以外の 5 面のパネルのヤング率を鋼板の 1 万倍として高剛性化し，1 次曲げ共振が解析周波数域より十分高い構造を条件とします。また，「上面パネル」の曲げ剛性については，ルーフ曲率が比較的小さいワゴン車の音響・構造モードを模擬し，音響系 1 次とパネル曲げ 2 次モードが近接するように，「上面パネル」は鋼の 10 倍のヤング率としています。また，構造系，音響系のモード減衰比を，ともに 3.5 % とします。

(3) バネ下前後振動系 FEM モデル

　注目している 40～60 Hz 域のバネ下振動系を定性的に表現するため，梁要素と剛体質量-バネ要素を用いて単純化した簡易 FEM モデルを解析対象とします。これを直方体 FEM モデルの下部に図 4.13 のように組み合わせます。

　さらに，タイヤトレッドゴム相当のバネ要素で結合された，大質量をもつ接地点相当節点の前後方向に強制力を印加します。典型的な乗用車のタイヤが小突起を乗り越す際，ほぼ 20 Hz と 40 Hz 付近に車輪速に依存しない，他に対して優勢なピークが発生することがあります。これらについてタイヤとサスペンション系の 1 次と 2 次の前後共振であることが経験的に分かっています。本節の FEM モデルは，これらの共振ピークを定性的に表現するものとしています。

(4) 入力，設計変数，応答値

　以下の入力条件，評価位置で車体上部パネルのルーフボウ 1 本の位置と板厚を設計変数とします。

- 入力：小突起乗り越し時前後入力相当の振幅，0.2 mm 一定の前後方向正弦波強制変位
- 配置 X_1 (m)：$0.5 \leq X_1 \leq 2.5$
  かつ 0.1 m 刻み離散値 21 点
- 板厚 X_2 (mm)：$0.6 \leq X_2 \leq 1.8$
  かつ 0.3 mm 刻み離散値 5 点，
- 応答値 Y：図 4.13 に示す各観測点座標での音圧，応答絶対値の周波数積分を 8 点で平均

　なお，8 点の座標位置は，Z 軸方向に前後のパネルから 1 m で，XY 軸方向に側面と上下面パネルから 0.3 m の対称な位置にあります。音圧応答絶対積分は，0～100 Hz までの 200 分割積分区間を台形則で求めます。

(5) 応答曲面法の車両基礎モデルへの適用
(a) MPOD 法の適用

　設計点間許容最短距離を正規化した $d_{min} = 0.33$ の条件付き一様乱数により設計空間に初期学習点 6 点を配置，収束の閾値を式 (4.12) の $\varepsilon_1 = 0.05$，式 (4.14) の $\varepsilon_2 = 0.01$，分散の制御係数を $\alpha_1 = \alpha_2 = 2.0$ とします。図 4.14 に学習点の分布を示します。ステップ 1 で図中 1st 印の 6 点と，7～9th 印の 3 点の学習点を選んでいますが，これらは設計空間全

143

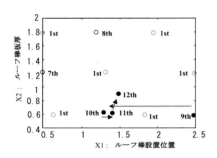

図 4.14　　MPOD の学習点分布

体にわたって配置されています。

　一方ステップ 2 で 10〜12th の 3 点は設計空間の一部に集中していま
す。ステップ 1 では 3 回の繰り返し後 $X_1 = 2.5, X_2 = 0.6$ で式 (4.12)
を満足しますが，式 (4.14) を満足しないためステップ 2 を繰り返し
ます。ステップ 2 の最初の最適解は，ステップ 1 の最後の最適解
$X_1 = 2.5, X_2 = 0.6$ から離れた $X_1 = 1.3, X_2 = 0.6$ に移動し，さらにその
値の近傍の $X_1 = 1.5, X_2 = 0.9$ で式 (4.14) を満足して終了しました。こ
れは応答値がほとんど等しい 2 つの極小値をもつ設計点が設計空間の中
央 $X_1 = 1.5$ と端 $X_1 = 2.5$ の 2 ヶ所に存在したため，応答曲面の精度向上
過程で 2 つの極小値の間を移動したからです。結局 12 個の学習点で最終
の最適解 $X_1 = 1.5, X_2 = 0.9, Y = 95.59$ に収束しました。

　このようにグローバルな解を探索するステップ 1 と最適解の精度を向
上するステップ 2 を繰り返すことで，応答曲面の近似精度を向上させ，最
適解を求めることができました。図 4.15 にその近似応答曲面を示します。

　ただし，図 4.15 に示す今回の問題設定では，$X_1 = 1.5$ に関して車体形
状と音圧評価位置座標が対称であるため，応答曲面も $X_1 = 1.5$ に関して
対称になることは自明ですが，この曲面の対称性が満足されていません。
すなわち学習点の分布に偏りがあることになります。それは，今回の目的
である最小値を求めるのに不必要なものはなるべく省略でき，最適解付近
に多く学習点をとることができているからです。

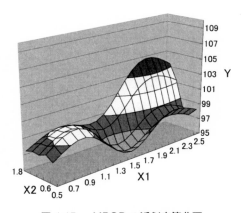

図 4.15　　MPOD の近似応答曲面

(b) 実験計画法 (Experimental Design Method) の適用

　応答曲面を近似するために用いる試行点の個数を，直交表を用いる実験
計画法で最小限に絞り込みます。使用する直交表は，設計変数の数，交互
作用の設定および水準数により選択します。応答値の分散分析により，直
交表の水準数に応じた次数の直交多項式を作成し近似応答曲面を張りま
す。例えば，連続変数に対する最適化計算には，制約条件付き非線形最適
化問題に対し最も効率的な手法とされる逐次二次計画法（SQP 法），離
散変数に対しては，総あたり法などが使用されています。

　図 4.16 のように設計値上下限を 4 等分した 5 水準の 25 点を設計点に
選択します。各設計点の応答値により 4 次直交多項式で近似された応答
曲面を図 4.17 に示します。設計点が一様に配置されたため $X_1 = 1.5$ に関
する応答曲面の対称性はよく，$X_1 = 0.5, 1.5, 2.5$ 付近の 3 ヶ所の領域で
谷となり，$X_1 = 1.0, 2.0$ 付近でピークをもちます。また，X_2 に対する応
答曲面の勾配は X_1 に対する勾配より極端に小さいです。次にこの応答曲
面から得られた最適解は $X_1 = 1.5,\ X_2 = 0.6,\ Y = 94.36$ となり MPOD
法の最適解 $X_1 = 1.5, X_2 = 0.9, Y = 95.59$ と若干異なる値になりました。
そのため，応答曲面全体の形状と真値について (c) でさらに精度を比較し
てみます。

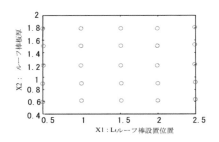

図 4.16　　実験計画法の試行点

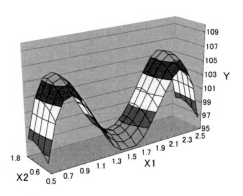

図 4.17　　実験計画法による近似応答曲面

(c) MPOD 法と実験計画法による応答曲面法の精度比較

　すべての設計点（105 点）の応答値を図 4.18 に示します.

　複数の極小値をもつ $X_1 = 1.5$ に関して対称な多峰性の応答曲面である
ことが分かります。また，真の最適解は $X_1 = 1.5$, $X_2 = 0.9$, $Y = 95.61$
であり，MPOD 法の結果はこれと一致しています。実験計画法は 25 設
計点も使いながら最適点の X_2 が真値からずれています。また，MPOD
法で用いられている HNN の基底関数の効果を見るために実験計画法で
用いた 25 設計点を学習させた近似応答曲面を調べましたところ，図 4.19
の結果が得られました。

　$X_1 = 1.5$ について非対称であった曲面形状が改善され，特に X_2 につ
いての曲面の勾配が実験計画法よりよく再現されており，多項式基底関数

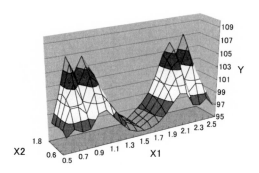

図 4.18　　試行点 105 個を用いた正確な応答曲面

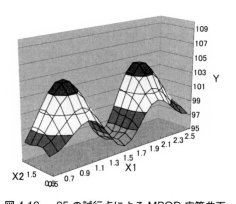

図 4.19　　25 の試行点による MPOD 応答曲面

に対する HNN 基底関数の優位性を示しています。

4.4.3　MPOD 法の実車こもり音問題への適用

　前節の車両基礎モデルへの適用に引き続き，実際に乗用車の開発に使用される図 4.20 に示す車体構造‐音響系モデルを対象として，ダイナミックダンパーの最適配置問題に MPOD 法を適用してみます。

(1) 使用する車両 FEM モデル

　図 4.20 に今回のダイナミックダンパー配置の最適化検討に使用する FEM モデルの概観を示します。構造系がシェル要素，音響系が 1 自由度

147

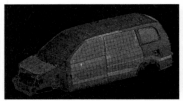
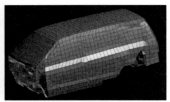

(A)トリムドボディの構造FEM モデル　　(B)客室の音響 FEM モデル

図 4.20　車両の有限要素法モデル概観

のソリッド要素を用い，ダイナミックダンパーは単純に集中質量と並進 1 自由度のスカラーバネ要素を用います。

(2) 最適化問題の設定

　目的関数 Y，設計変数 X_1, X_2 を以下のとおり設定します。

Y：突起乗り越し時の車体感度として重要な，フロントサスペンション A アーム取り付け点の前後方向（左右共，同相）単位入力，図 4.21 の●印で示す前席中央の耳の高さの観測点における 30〜60 Hz 域での音圧最大値を最小化。

X_1：事前の連成系固有値解析による，固有モード振幅の大きい，図 4.21 に示す車体中央線に沿った 22 ヶ所の候補に配置された 1 個のダンパーの番号。

X_2：ダンパーのバネ定数：7.0，9.0，11.0，13.0，15.0 kgf/mm（ただし，質量：1.5 kg，構造減衰係数：0.1 一定）。

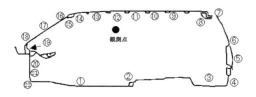

図 4.21　ダイナミックダンパー位置候補

(3) 最適化結果

　最適化の収束判定条件等は，前節と同様に $\varepsilon_1 = 0.05, \varepsilon_2 = 0.01$，分散の制御係数 $\alpha_1 = \alpha_2 = 2.0$ とします。まず，6 点で近似応答曲面を張って 1 回目の近似最適値 $X_1 = 16, X_2 = 11.0, Y = 0.659$ を得ます。さらに，7th，8th の 2 点を追加学習点とし，2 回目の近似最適値 $X_1 = 15, X_2 = 7.0, Y = 0.567$ を得ます。9th，10th の 2 点を追加した 3 回目の近似最適値も前回と同じ設計点 $X_1 = 15, X_2 = 7.0$ となるため，ステップ 1 を終了し，さらにこの近傍の点を学習させ 11 点の学習点によって最適解 $X_1 = 14, X_2 = 7.0, Y = 0.556$ が得られ，式 (4.14) を満たすので終了します。

　図 4.22 に学習点分布を，図 4.23 に 11 学習点での近似応答曲面を示します。110 個の全設計点に対して，非常に少ない学習点数で設計領域全体に対する最小解を得ることができています。

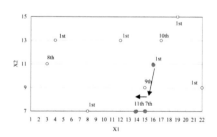

図 4.22　試行点分布

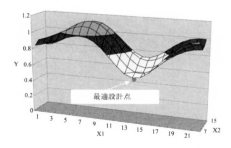

図 4.23　11 試行点を使用した応答曲面

149

(4) 最適化結果についての物理的考察

　図 4.24 に前席の音圧応答関数を示します。同図より，目的関数 Y はダンパーの位置の最適化により約 45 Hz 付近のピークが 6 dB 低減していることが分かります。

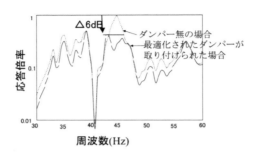

図 4.24　最適化されたダイナミックダンパー効果の評価

　その近傍 44.3 Hz には図 4.25 に示すように構造‐音響連成系固有モードがあり，ウインドシールドからフロントルーフを中心とする上面パネル

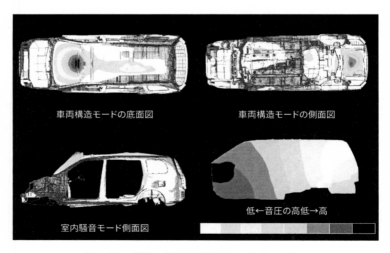

図 4.25　構造‐音場連成共振モード (44.3 Hz)

やリアフロアなどが弾性変形し，車体全体が変形しています。

　さらに，音響系は車室中央からやや後方位置が節で車室前後端が腹の1次モードとなっています。また，最適配置されたダンパー有無による車体中央線に沿ったパネル振動加速度分布の差を図4.26，4.27に示します。これらの図より，ダンパーの最適な設置による効果はフロントルーフレール付近の局所的な振動低減というより，上面パネル前部からリアフロア後端にも及び，44.3 Hz のグローバルな車体構造‐音響連成モードの動吸振効果と解釈できます。

(5) 実験結果

　前節のダンパー最適配置の効果を確認するため，ダイナミックダンパー有無の条件で平滑ドラムによる台上走行試験により比較します。ドラムに走行抵抗相当の負荷を加えた状態で緩加速したときのエンジン回転2次周波数と，そのときの前席での車内音の大きさを図4.28に示します。45〜50 Hz の領域で最大約5 dB の音圧レベル低減が得られています。

　このように実験的にダイナミックダンパーの配置を試行錯誤で求めるのは多くの工数を必要としますが，MPOD法によるFE解析モデルを用いた最適配置検討を行えば，効率的に車内音低減策を見出せることが示されました。

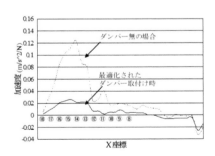

図 4.26　車体パネル加速度 (44.3 Hz)：
ウインドシールドからルーフパネルへ

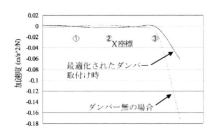

図 4.27　車体パネル加速度 (44.3 Hz)：フロントフロアからリアフロアへ

(6) まとめ

① MPOD 法により，グローバルな解を探索するステップ 1 と最適解の
精度を向上するステップ 2 をそれぞれ繰り返すことで，高い確率でグ
ローバルな最適値に近づくことが実証されました。

② MPOD 法は，最適化に重要な領域では学習点分布を密に，そうでな
い領域では粗くと，確率的に操作できることを示しました。また，今
回学習点の分布を多項式近似の実験計画法と同じ条件でも比較しまし
たが，HNN の基底関数が多項式より優れていることから，曲面全体
の近似精度も多項式近似より良くなることが検証されました。

③ 最適化結果の物理的考察として，低次の音響系共振周波数域において，
前後パネル剛体運動により励起される音圧がこれと直交する上面パネ
ル弾性振動により影響されることを示しました。

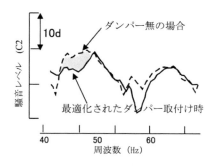

図 4.28　最適化されたダイナミックダンパー効果の確認

④ MPOD 法を実車の車内音低減用ダイナミックダンパー配置最適化問題に適用し，その有効性を実証しました。

4.5 まとめ

　いま，第 3 次 AI ブームの中でサロゲートモデルなるものも話題になりつつあります。これは少し乱暴な言い方をすれば「とにかくデータを集めろ」ということですが，本章で示した HNN の柔軟さ [18] をもってすれば，MPOD 法を使って圧倒的に少ないデータの収集でより優れた解を得られます。このことを利用した新しいサロゲートモデルの展開も是非実行していただきたいと思います。

参考文献

[1] Hagiwara, I.: Global Optimization Method to Multiple Local Optimals with the Surface Approximation Methodology and Its Application for Industry Problems [Online First], DOI: 10.5772/intechopen.98907, pp.1-41 (2021-9).

[2] 萩原一郎：DX 時代の開発プロセスと人材育成－こもり音低減最適化サロゲートモデルから音質最適サロゲートモデルへ－，自動車技術会振動騒音部門委員会講演（2023 年 11 月 2 日）。

[3] Giunta, A.A.: Noise Aerodynamic Response and Smooth Approximations in HSCT Design, AIAA-94-4376-CP, pp.1117-1128 (1994).

[4] White, Jr.K.P.: Simulation Optimization of the Crashworthiness of a Passenger Vehicle in Frontal Collision Using Response Surface Methodology, *SAE Transaction*, Sec.3, pp.798-811 (1985).

[5] Carpenter, W.C. and Barthelemy, J.M.: A Comparison of Approximations and Artificial Nrural Nets as Response Surface, AIAA-92-2247-CP, pp.2474-2482 (1992).

[6] 萩原一郎，井上亜友子，施勤忠：ニューラルネットワークと計算力学に基づくシステム同定の検討，『日本機械学会論文集（C 編）』，64 巻・621 号，pp.1574-1579 (1997-5)。

[7] 萩原一郎，施勤忠，小机わかえ：目的関数のニューラルネットワーク推定による衝撃最適設計法の開発，『日本機械学会論文集（A 編）』，63 巻・616 号，pp.2510-2517(1997-12)。

[8] Sutherland, J. G.: The holographic neural method, in: Fuzzy, Holographic and Parallel Intelligence (B. Souˇcek, Ed.), John Wiley and Sons, New York, pp.30-63 (1992).

[9] 施勤忠，萩原一郎，高島太：曲面応答法による多峰性問題の最適設計法の開発，『日本機械学会論文集（A 編）』，65 巻・630 号，pp.232-239 (1999-2)。

[10] Shi, Q., Hagiwara, I. and Takashima, F. : Global Optimization to Multiple Local Optima with Response Surface Approximation Methodology, *JSME International Journal Series A*, Vol.44, No.1, pp.175-184 (2001).

[11] 萩原一郎，施勤忠，高島太：目的関数のニューラルネットワーク推定による衝撃最適設計法の開発（第 2 報：車両部品構造への適用），『日本機械学会論文集（A 編）』，64 巻・626 号，pp.2441-2447 (1998-10).

[12] 鎌田慶宣，福島広隆，萩原一郎，応答曲面法を用いた低周波数域車内音の低減最適化技術，『日本機械学会論文集（C 編）』,68 巻，673 号，pp.2556-2563 (2002-9).

[13] 福島広隆，鎌田慶宣，萩原一郎：MPOD 法を用いたエンジンマウントの配置最適化，『日本機械学会論文集（C 編）』，70 巻・689 号，pp.54-61 (2004/1).

[14] 酒井哲也，岩原光男，白井裕，萩原一郎：大型車のエンジンマウントの最適設計（第 5 報，遺伝的アルゴリズムを用いたエンジンレイアウトの最適配置），日本機械学会論文集（C），63 巻 664 号，pp.3815-3822 (2001).

[15] Arai, T., Kubozuka, T. and S.D. Gray: Development of An Engine Mount Optimization Method Using Modal Parameters, SAE Technical Paper, 932898 (1993).

[16] Ishihama, M., Satoh, S., Seto, K. and Nagamatsu, A. : Vehicle Vibration Reduction by Ttansfer Function Phase Control on Hydraulic Engine Mounts, *JSME International Journal Series C*, Vol.37, No.3, pp.536-541 (1994).

[17] 坂和正敏，田中雅博：遺伝的アルゴリズム，『ソフトコンピューティングシリーズ』（日本ファジィ学会編），朝倉書店 (1996).

[18] Diago, L., Abe, H., Minamihata, A. and Hagiwara, I.: Pattern Classification with Holographic Neural Networks: A New Tool for Feature Selection, "Innovations in Machine and Deep Learning: Case Studies and Applications," edited by Gilberto Rivera, Alejandro Rosete, Bernabé Dorronsoro, and Nelson Rangel-Valdez, pp.1-22 (2023-6).

第**5**章

流れの音

5.1　はじめに

　皆さんは風の強い日にベランダの手すりや電線からヒューヒューという音が出るのを耳にしたことがあると思います。これはエオルス音 (Aeolian Tone) と呼ばれるものです。流れに物体を置いたとき，物体から時間的に変動する渦が次々と放出されると，圧力場が時間的に変動するようになり，そこから音波が発生して，音となって聞こえます。走行中の自動車ではドアミラーのところにわずかな突起があると，ピーという風切り音が出ます。

　電気自動車ではエンジン音がなくなりますが，その分風切り音が目立ってきます。ドアミラーが乗員の耳位置に近いところに設置されているので，そこからの風切り音を抑えておく必要があります。ここではそのような流れのある音場を数値解析でどのように取り扱うかを説明します。

5.2　空気の音

　空気は圧縮性をもちます。これは自転車の空気入れを考えるとよく分かります。空気入れの先端を指でふさいだ状態で空気入れのハンドルを押し込んでみると，ある程度まで空気を圧縮できることが分かります。仮に水を入れて同じことをやれば空気入れのハンドルを押し込むことはできないでしょう。これは空気に圧縮性がある一方，水は（実際にはわずかに圧縮性があり水中音波を生じますが近似的には）非圧縮性であるからです。

　本節では，空気が流れている中で音波がどのように伝搬するかを理解するために必要な事項を説明します。

5.2.1　音波と流れの関係

　音波の粗密の大きさを振幅と呼びます。振幅が小さい場合には音波は正弦波として扱うことができ，このような波を線形波と呼びます。トラックのクラクションやサイレンのように大きな粗密波を出す大振幅の音波は，正弦波が歪んでできます。ジェット機が飛行する場合のように粗密の度合

いが増加すると衝撃波を発生します。なお，衝撃波は不連続な切り立った波です。正弦波から衝撃波に移行する理由は，大振幅になるにつれて音の非線形性が顕在化するためです。密度の変化の程度は後述のマッハ数で推定できます。

　また，空気には粘性があります。空気は粘性が小さい流体ですが，空気中の1ヶ所を何かの方法で動かすと，粘性によって周囲の空気もそれにつられて動きます。粘性は速度分布に曲率が生じるとそれを平滑化するように作用します。粘性の影響の度合いは後述のレイノルズ数で議論できます。

　レイノルズ数が大きくなると粘性によって物体壁面に張り付いていた境界層流（壁近傍に発達する薄い層であり，そこで流れの速度は壁面での流速0から周囲の速い流速まで急激に変化する）が主流へ流れ出してしまい，物体や壁面の周囲に複雑な渦運動を引き起こします。図5.1にいくつかの例を示しました。

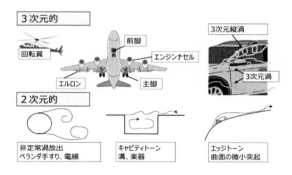

図5.1　流れのある場での音の発生

　流れが巻き込んだりねじれたりする（3次元的な）空間分布をもつものとして，扇風機，風車，ヘリコプターやドローンの回転翼から放出されるらせん状の渦層，航空機の脚から出るはく離渦，エルロン（補助翼）やフラップの端部から出る縦渦，自動車のAピラーから出る縦渦やドアミラーなどから放出される3次元渦があります。2次元的なものとして，電

線やベランダの手すりから出てエオルス音となる非定常渦放出，溝から出るキャビティトーン（下流側エッジと上流からのはく離流との非定常干渉などを生じます。），0.1 mm といった微小な突起から出るエッジトーンなどがあります。

　3 次元的なものよりも 2 次元的なものの方が音を強めるので，一般には流れ場を 3 次元化する工夫をすることで音を低減します。一方で，フルートや尺八といった楽器では練習によって唇の形を整えることで 2 次元的な流れとして，良い音を出しています。他にもいろいろな音があります [1]。

　空気中には温度分布が生じます。温度分布を決めるものに定圧比熱 C_p と熱伝導率 k があります。空気中で固体壁の速度と温度を周波数 f で正弦波的に振動させると，粘性 (Viscosity) による波と熱伝導 (Thermal Conductivity) による波が生じます。各々の波動の波長を L_{visc} と L_{therm} とすると両者の比は $\frac{L_{\mathrm{visc}}}{L_{\mathrm{therm}}} = \sqrt{\frac{\mu C_p}{k}} = \sqrt{P_r}$ となります。なお，ここで μ は空気の粘性係数，$P_r = \frac{\mu C_p}{k}$ はプラントル数です。プラントル数は空気では 0.7 であるので，各波長は同程度の大きさになります。このように，粘性と熱伝導のある系では，断熱変化での音波（方程式は式 (1.1) 参照），粘性による波，熱伝導による波の 3 つの波を考えることになります。

　粘性による波と熱伝導による波は固体壁の近傍で重要な役割をもちます。空気中に物体があるとその壁面には粘性境界層（厚み $\delta_{\mathrm{visc}} = \frac{L_{\mathrm{visc}}}{2\pi}$）と温度境界層（厚み $\delta_{\mathrm{therm}} = \frac{L_{\mathrm{therm}}}{2\pi}$）ができ，その層内で速度分布と温度分布が急激に変化します。周波数 f で正弦波的に振動する場合，20 ℃，1 atm の条件下で δ_{visc} を評価する式は $\delta_{\mathrm{visc}} = 0.22\,[\mathrm{mm}]\sqrt{\frac{100[\mathrm{Hz}]}{f}}$ です。例えば，$f = 100\,\mathrm{Hz}$ で $\delta_{\mathrm{visc}} = 0.22\,\mathrm{mm}$，$f = 500\,\mathrm{Hz}$ で $\delta_{\mathrm{visc}} = 0.098\,\mathrm{mm}$ です。

　本章では流れのある線形的あるいは流れの非線形効果を受ける音の説明をします。非線形効果を含む場の解析は第 6 章で取り扱います。

5.2.2　音速

　音速は音の伝わる速さのことです。例えば，長さ L m の廊下の端に立って手をたたきます。すると音波が放射され，その時刻を 0 秒としま

す。廊下の向こう側の壁まで音波が伝播し，そこで反射した音波が自分のところに到達する，すなわち反響音が聞こえる時刻を t 秒とすると，音波が $L \times 2$ の距離だけ伝播するのに要した時間が t 秒であるということになり，音速は進んだ距離を経過時間で割った $2L/t$ で算出できます。

ニュートン (Newton) は 1686 年に『プリンキピア』の中で音速を解析的に求めています。しかし，彼が求めた音速は実験よりも遅いものでした。原因は音波が伝播するプロセスを等温過程としたことにあり，1816年にラプラス (Laplace) が実際の音波が伝播するプロセスは断熱過程であることを示唆しました。このあたりの先人の取り組みは面白いので，興味ある読者は調べてみるとよいでしょう [2]。

音速 c は，物理量が可逆断熱変化をするものとして次式で記述できます。

$$c = \sqrt{\left(\frac{\partial p}{\partial \rho}\right)_s} \tag{5.1}$$

ここで，p は絶対圧力 (Pa)，ρ は密度 (kg/m^3)，添え字 s は可逆断熱変化を意味しています。なお，一般の自然現象では s はエントロピーが増加する不可逆変化ですが，ここではエントロピーを一定に保持した場合を考えるため可逆断熱変化となります。これを等エントロピー変化と言います。

空気の断熱変化が状態方程式 $p/\rho^\gamma = $ 一定 に従うことから，次の関係式が成り立ちます。

$$c = \sqrt{\gamma \frac{p}{\rho}} = \sqrt{\gamma RT} \tag{5.2}$$

ここで，γ は比熱比（定圧比熱 C_v と定容比熱 C_p の比で，空気は $\gamma = \frac{C_p}{C_v} = 1.4$），R は空気の気体定数で 287 J/(kgK)（一般気体定数 R$_u$ = 8.31 J/(molK) を乾燥空気の平均分子量 M_{air} = 0.028966 kg/mol で割った数値），T は空気の絶対温度 [K] です。

式 (5.2) から空気中の音速は温度に依存することが分かり，15 ℃ (=288.15 K) の音速は 340.3 m/s と算出されます。この数値はよく知られている公式である音速 = $(331.5 + 0.6t\,[℃])$ m/s から得られる数値

340.5m/s と一致します。

　ちなみに，Newton と同じ等温過程を式 (5.1) で仮定してみると，その場合音速は

$$c_{\text{isothermal}} = \sqrt{\left(\frac{\partial p}{\partial \rho}\right)_T} = \sqrt{RT} \tag{5.3}$$

となります。式 (5.3) で算出される音速値は 287.6m/s となり，実験値 340.3m/s よりは小さな値になります。Newton の等温過程による音速は断熱過程（式 (5.2)）で得られる音速の約 84.5 %（$\frac{1}{\sqrt{\gamma}} = \frac{1}{\sqrt{1.4}} = 0.845$）であり，340.3m/s × 0.845 = 287.6m/s となって実験値よりも小さな数値を示したことになります。

5.2.3　マッハ数による流れの分類

　流速の絶対値を u，音速を c とすると，マッハ数 M (Mach number) は

$$M = \frac{u}{c} \tag{5.4}$$

で表されます。式 (5.4) より，流速が音速に一致すると $M = 1$ であることが分かります。$M \le 0.8$ の場合を亜音速流 (Subsonic Flow)，$0.8 < M \le 1.2$ の場合を遷音速流れ (Transonic Flow)，$1.2 < M \le 5$ の場合を超音速流 (Supersonic Flow)，$M > 5$ の場合を極超音速流 (Hypersonic flow) に分類します。なお，$M \ll 1$ の場合は非圧縮性流れとして扱われます。なお，ここではマッハ数を M としましたが，Ma が使われることもあります。

　静止空気の密度 ρ_0 と等エントロピー流れの密度 ρ との比は次式のとおり，マッハ数で決まります。

$$\frac{\rho}{\rho_0} = \left[1 + \frac{1}{2}\left(\gamma - 1\right)M^2\right]^{-\frac{1}{(\gamma-1)}} = \left[1 + 0.2M^2\right]^{-2.5} \tag{5.5}$$

　$M \ll 1$ の場合について式 (5.5) を評価してみます。$x \ll 1$ のとき $(1 + x)^a \approx 1 + ax$ と近似できることを利用して，

$$\frac{\rho}{\rho_0} = 1 - 0.5M^2 \tag{5.6}$$

と見積もることができます。$M = 0.3$ を式 (5.6) に代入すると，密度比は 1 から約 5 ％ の減少になります。この事実に基づいて，一般の分類では $M > 0.3$ を圧縮性流体，$M \leq 0.3$ を非圧縮性流体とみなすことにしています。

5.2.4 振動数（周波数）と波長

音波は波動なので，音波の振動数（周波数）を f [Hz] とすると，音波の波長 λ [m] は

$$\lambda = \frac{c}{f} \tag{5.7}$$

で計算できます。音の振動数は単位時間に生じる波の数です。この式は 1 秒間に f 個の波が送りだされるとき，1 秒間にそれらの波が充填される距離 c を f 個で割れば 1 つの波の長さ λ が分かるという式です。

例えば，ラの音は 440 Hz なので，1 秒間に 440 個の波を作ることを表します。15 ℃の空気中にてラの音をピアノで 1 秒間出し続けます。そのとき，1 秒間出し続けた 440 個の波は音源であるピアノとそこから 340.3 m 離れた位置（1 秒間に音波が進む距離）の中に存在します。したがって，1 個の波の長さ，つまり波長は，この音波の存在する空間長 340.3 m を 1 秒間に放出した波の数 440 個で割ることで 0.773 m だと分かります。

また，音の高さは振動数で決まります。1 秒間にたくさんの数の波を聞けば振動数が高い（音が高い），少ない数の波を聞けば振動数が低い（音が低い）と認識します。

5.2.5 流れによるドップラー効果

一方で，空気が動いている場合，流れがあると言います。流れの速度は流速と呼んで音速と区別します。流速は向きと大きさをもっており，ベクトル量です。一方，音速は媒質に対してどの方向にも同じ速度で伝播する等方的なスカラー量です。なお，このときの観測者は静止座標系 O に立っている人です。

それでは媒質が動いている場合を考えます。音波を観察する観測者は静止座標系 O に立っている人と，媒質とともに速度 V で動く移動座標系

O' に立っている観測者の 2 種類が考えられます。静止座標系 O から見たときの移動座標系 O' での音波は $V + c$ の速度をもつものとして観測されます。

　さて，移動座標系 O' の観測者は $f' = c/\lambda$ の周波数の音を観測します。一方，静止座標系 O にいる観測者は $f = (V + c)/\lambda$ の周波数の音を聞きます。これをマッハ数 M で書き直すと，$f = (1 + M)f'$ となります。したがって，マッハ数 M で移動している媒質の中で周波数 f をもつ音は，静止座標系 O では $(1 + M)$ 倍だけ高い周波数の音に聞こえます。これはドップラー効果 (Doppler Effect) と呼ばれるものです。

　いま，音源は静止しており，周囲の空気が 83.3 m/s で一方向に流れている場合のドップラー効果を周波数 100 Hz の音波について計算した結果を示します。図 5.2(a) は音圧の 3 次元表示です。空気が流入してくる側（図 5.2(a) の右側）の音波の間隔が詰まっていることが分かります。一方，空気が流下する側（図 5.2(a) の左側）の音波の間隔は広がっています。これは音源から放射される音波が空気の流れに乗って図 5.2(a) の右側から左側へ向けて移流されるためです。音源を通る軸上の音圧分布を図 5.2(b) にプロットしました。こちらも図 5.2(a) と同様に右側が詰まり，左側が広がっています。図 5.2(a) の図を見ると音波の波長が変化したように見えますが，図 5.2(b) から波長は変わらず，各時刻で放射された円の形をした波が，右から左に流れる空気の流れに乗っかって移動しているだけということが分かります。

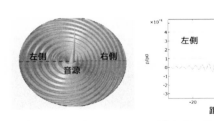

　(a) 移動音源の周囲の音圧分布　　(b) 音源の両側の音圧分布の比較

図 5.2　ドップラー効果

　図 5.2 は次のような方法で計算した結果を使って描画できます。式の導出を丁寧に行ってみます。

　まず，移動座標系 $O'\left(x'\left(x', y', z'\right), t'\right)$ で空気の質量保存則と運動量保存則を使います。音波を扱うので式 (5.8) と式 (5.9) は線形化（後述）されています。

$$\frac{\partial \rho}{\partial t'} + \rho_0 \nabla_{x'} \cdot \boldsymbol{u} = 0 \tag{5.8}$$

$$\rho_0 \frac{\partial \boldsymbol{u}}{\partial t'} = -\nabla_{x'} p \tag{5.9}$$

ここで，$\nabla_{x'} = \left(\frac{\partial}{\partial x'}, \frac{\partial}{\partial y'}, \frac{\partial}{\partial z'}\right)$ であり，移動座標系での演算子です。これを静止座標系 $O\left(x\left(x, y, z\right), t\right)$ の関係に変換するには，

$$x = x' + Vt' \tag{5.10}$$

$$t = t' \tag{5.11}$$

の関係を使います。

　その結果，流れが一定の流速ベクトル $\boldsymbol{V}$ をもつとき，静止座標系で見た音波の動きは次の式で表現されます。

$$\left(\frac{\partial}{\partial t} + \boldsymbol{V} \cdot \nabla_x\right) \rho + \rho_0 \nabla_x \cdot \boldsymbol{u} = 0 \tag{5.12}$$

$$\rho_0 \left(\frac{\partial}{\partial t} + \boldsymbol{V} \cdot \nabla_x\right) \boldsymbol{u} = -\nabla_x p \tag{5.13}$$

ここで，$\nabla_x = \left(\frac{\partial}{\partial x}, \frac{\partial}{\partial y}, \frac{\partial}{\partial z}\right)$ であり，静止座標系での演算子です。

　このように，移動座標系 O' と静止座標系 O での差異は時間微分項のみに生じます。以後は ∇_x を ∇ と記述することにします。

　式 (5.1) から得られる関係式 $\nabla p = c^2 \nabla \rho$ を式 (5.13) の右辺に代入します。

$$\rho_0 \left(\frac{\partial}{\partial t} + \boldsymbol{V} \cdot \nabla\right) \boldsymbol{u} = -c^2 \nabla \rho \tag{5.14}$$

　式 (5.14) の両辺を時間 t で微分します。

$$\rho_0 \frac{\partial}{\partial t} \left[\left(\frac{\partial}{\partial t} + \boldsymbol{V} \cdot \nabla\right) \boldsymbol{u}\right] = -c^2 \nabla \frac{\partial \rho}{\partial t} \tag{5.15}$$

式 (5.15) の右辺に式 (5.12) を代入します。

$$\rho_0 \frac{\partial}{\partial t}\left[\left(\frac{\partial}{\partial t} + \boldsymbol{V}\cdot\nabla\right)\boldsymbol{u}\right] = -c^2\nabla\left[-\rho_0\nabla\cdot\boldsymbol{u} - (\boldsymbol{V}\cdot\nabla)\rho\right] \tag{5.16}$$

式 (5.14) の両辺で $\boldsymbol{V}$ との内積をとったものを式 (5.16) の右辺第 2 項に代入することで，次式を得ます。

$$\rho_0 \frac{\partial}{\partial t}\left[\left(\frac{\partial}{\partial t} + \boldsymbol{V}\cdot\nabla\right)\boldsymbol{u}\right]$$
$$= -c^2\nabla\left[-\rho_0\nabla\cdot\boldsymbol{u} + \frac{1}{c^2}\rho_0\boldsymbol{V}\cdot\left\{\left(\frac{\partial}{\partial t} + \boldsymbol{V}\cdot\nabla\right)\boldsymbol{u}\right\}\right] \tag{5.17}$$

速度ベクトルの回転 $\nabla\times\boldsymbol{u}$ を渦度ベクトルと呼びます。ここでは渦なし流れを仮定すると，式 (5.18) に示すように渦度ベクトルは 0 になります。

$$\nabla\times\boldsymbol{u} = 0 \tag{5.18}$$

このとき，流速場には速度ポテンシャル ϕ が存在して，

$$\boldsymbol{u} = \nabla\phi \tag{5.19}$$

という関係が成立します。式 (5.19) を式 (5.18) に代入すると，確かに 0 になることが分かります。なお，文献によっては $\boldsymbol{u} = -\nabla\phi$ と定義することもあるので，定義を確認する必要があります。

以上のことから，線形化されたポテンシャル流れの方程式は次の式 (5.20) となります。

$$\frac{1}{c^2}\rho_0\frac{\partial}{\partial t}\left[\left(\frac{\partial}{\partial t} + \boldsymbol{V}\cdot\nabla\right)\nabla\phi\right]$$
$$+ \nabla\left[-\rho_0\nabla\cdot\nabla\phi + \frac{1}{c^2}\rho_0\boldsymbol{V}\cdot\left\{\left(\frac{\partial}{\partial t} + \boldsymbol{V}\cdot\nabla\right)\nabla\phi\right\}\right] = 0 \tag{5.20}$$

したがって，式 (5.20) をスカラー関数である速度ポテンシャル ϕ について解けば，流速ベクトル $\boldsymbol{u}$ が式 (5.19) から計算されます。

式 (5.9) からは，移動座標系 O において得られた速度ポテンシャル ϕ を使って圧力 p を計算する式 (5.21) を導出できます。

$$p = -\rho_0\frac{\partial\phi}{\partial t'} \tag{5.21}$$

また，式 (5.21) を式 (5.10) および式 (5.11) を使って静止座標系 O へ変換することで次式を得ることができます。

$$p = -\rho_0 \left(\frac{\partial}{\partial t} + \boldsymbol{V} \cdot \nabla \right) \phi \tag{5.22}$$

さらに式（5.1），式 (5.12) および式 (5.13) から次の波動方程式を導出できます。

$$\frac{1}{c^2} \left(\frac{\partial}{\partial t} + \boldsymbol{V} \cdot \nabla \right)^2 p = \nabla^2 p \tag{5.23}$$

式 (5.23) で媒質の移動速度 $\boldsymbol{V}$ を 0 と置き，周波数領域へと変換することで，よく知られている音圧に関するヘルムホルツ方程式を得ます。

5.2.6　流れとレイノルズ数

流れの中に物体があると，粘性の影響で物体表面には速度境界層が発達します。速度境界層は渦度があり，それが渦層として外部へ流出します。渦層の時間発展の様子はレイノルズ数 (Reynolds number) で決まります。レイノルズ数 Re は代表流速 U，代表長さ L，動粘度 $\nu = \frac{\mu}{\rho}$（ここで μ は空気の粘性係数 [Pa・s]）としたとき，

$$\mathrm{Re} = \frac{UL}{\nu} \tag{5.24}$$

で定義されます。式 (5.24) から分かるように，レイノルズ数は代表流速と代表長さに比例し，粘性係数に反比例して大きくなります。

円柱を一様な流れに置きますと，円柱からはよく知られたカルマン渦 (Karman vortex) が放出されます。カルマン渦は一様流速 U，円柱直径 D を基準にしたレイノルズ数が 100 程度になると発生します。円柱の後部にはカルマン渦列が形成されますが，それのもとになる渦層は円柱の上下から交互に放出されます。これは円柱表面にできる境界層流れが円柱表面からはく離 (Flow Separation) して周囲の流体中に流れ込んでいくためです。

Strouhal は 1878 年に円柱から生じるエオルス音を研究し，音の無次元周波数であるストローハル数 (StrouhalNumber)

$$S_t = \frac{fU}{D} \tag{5.25}$$

が 0.20-0.22 であることを発見しました（f は音の周波数 [Hz]）。音の発生原因について，Rayleigh は 1896 年に，カルマン渦列と呼ばれる非定常渦列にあることを指摘し，1955 年に Gerrard によって音の周波数 f は円柱からの渦放出周波数に等しいことが分かりました [3]。

　自動車や航空機などが高速で移動する場合にはレイノルズ数は 10^6 から 10^9 といった非常に大きな数値になります。レイノルズ数が大きくなると複雑な非定常三次元の渦運動が生じ，乱流になります。実用的な流れの解析では乱流を精度良く取り扱う必要性があります。一方で，レイノルズ数が非常に小さい場合は層流となります。例えば，油は粘性係数が大きいためにレイノルズ数は小さな数値をとります。空気の粘性係数は小さいのですが，蜂などの昆虫は代表長さが短いので結果的にレイノルズ数が小さな領域で運動をしていることになります。一方，火星では大気の密度が地球のそれに比べて 100 分の 1 程度であるので，式 (5.24) の分母にある動粘度が大きくなりレイノルズ数が小さくなります。火星探査航空機などは $O(10^4)$ の低レイノルズ数流れの領域に入ります。さらに火星では音速が低く，同じ飛行速度でも地球上よりはマッハ数が上がってしまいます [4]。

　したがって，流れのある音を扱う場合にはマッハ数とレイノルズ数がどの程度の数値をとるかを把握しておく必要があります。

5.2.7　圧縮性ナビエ - ストークス方程式

　ここで，流れのある音を扱うために圧縮性の空気の挙動について考えましょう。圧縮性の空気の挙動は，質量保存式（連続の式とも呼ぶ），運動方程式であるナビエ - ストークス方程式（Navier - Stokes equations）およびエネルギー方程式で記述できます。

(1) 質量保存式
　空気の質量は保存されます。それを表すのが式 (5.26) です。左辺の第 1 項は密度の時間変化を示しており，それが第 2 項の質量流束ベクトルの

発散と釣り合うという式です。

$$\frac{\partial \rho}{\partial t} + \frac{\partial}{\partial x_j}\left(\rho u_j\right) = 0 \tag{5.26}$$

(2) 圧縮性ナビエ‐ストークス方程式

これは空気の運動方程式であり、式 (5.27) の右辺は空気塊の加速度を示しています。右辺は空気塊に作用する圧力勾配による力（右辺第 1 項）と粘性力（右辺第 2 項）を表現しています。

$$\rho \frac{\partial u_i}{\partial t} + \rho u_j \frac{\partial u_i}{\partial x_j} = \frac{\partial}{\partial x_j}\left(-p\delta_{ij} + \tau_{ij}\right) \tag{5.27}$$

ここで、δ_{ij} は Kronecker の δ であり、$\delta_{ij} = \left\{1\ (i = j)\,, 0\ (i \neq j)\right\}$ という性質をもっています。τ_{ij} はニュートン流体の粘性応力テンソルであり、Stokes の仮説を適用すると次式で表されます。

$$\tau_{ij} = \mu \left(\frac{\partial u_j}{\partial x_i} + \frac{\partial u_i}{\partial x_j}\right) - \frac{2}{3}\mu \frac{\partial u_k}{\partial x_k} \tag{5.28}$$

式 (5.26) に u_i を掛けたものを式 (5.27) に足すと次式を得ます。

$$\frac{\partial\left(\rho u_i\right)}{\partial t} + \frac{\partial}{\partial x_j}\pi_{ij} = 0 \tag{5.29}$$

ここで、π_{ij} は運動量流束テンソルであり、次式で表されます。

$$\pi_{ij} = \rho u_i u_j + \left(p - p_0\right)\delta_{ij} - \tau_{ij} \tag{5.30}$$

ただし、静止状態での一定圧力 p_0 を含めています。式 (5.29) の右辺第 2 項の空間微分項が作用するので、一定圧力 p_0 を含めても問題ありません。

(3) エネルギー方程式

さらにエネルギーの式を使います。ここでは等エントロピー変化を仮定しており、エネルギー方程式は次式のようになります。

$$p - p_0 = c_0{}^2\left(\rho - \rho_0\right) \tag{5.31}$$

ここで、c_0 は等エントロピー変化での音速としています。

次に、流れがない場合の π_{ij} を $\pi_{ij}{}^0$ と書くことにすると、次式を得

ます。

$$\pi_{ij}{}^0 = (p - p_0)\, \delta_{ij} = c_0{}^2 \left(\rho - \rho_0 \right) \delta_{ij} \tag{5.32}$$

式 (5.26) で一定密度 ρ_0 を含めた形で書くと次式となります。

$$\frac{\partial \left(\rho - \rho_0 \right)}{\partial t} + \frac{\partial}{\partial x_j} \left(\rho u_j \right) = 0 \tag{5.33}$$

式 (5.29)，式 (5.32)，式 (5.33) から次式を導出できます。

$$\frac{\partial^2}{\partial t^2} \left(\rho - \rho_0 \right) - c_0{}^2 \frac{\partial^2}{\partial x_j \partial x_j} \left(\rho - \rho_0 \right) = 0 \tag{5.34}$$

これは流れがない場合の密度変動 $(\rho - \rho_0)$ の波動方程式になっています。

　これらの式を解くには，圧縮性流れに特化して開発されている数値解析法を利用する必要があります。近年，差分法（時間方向には 4 次精度ルンゲ・クッタ法，空間には 6 次精度コンパクト Pade スキームを適用）に基づく直接解法 (DNS: Direct Numerical Simulation，乱流モデルを使わずにナビエ‐ストークス方程式をそのまま解くという意味) とスーパーコンピュータを利用して圧縮性流体に生じる音場の数値解が得られ，ドップラー効果を含む音場が高精度で解析できることが分かりました。さらに Curle の方法にドップラー効果を組み込むことで Curle の解が改善されることも明らかになりました [3]。

5.2.8　Lighthill のアナロジーによる音響解析

　そもそも，なぜ流れから音が出ると言えるのでしょうか。それを圧縮性ナビエ‐ストークス方程式から理論的に説明したのが Lighthill [5] です。彼は電車の中でこの理論を思いつきました。彼のおかげでジェット機の騒音を減らす設計まで一気に進みました。

　Lighthill の理論はアナロジーに基づくものであり，音響学的類推と呼ばれています。話の筋としては，圧縮性ナビエ‐ストークス方程式から開始して圧力音響の方程式であるヘルムホルツ方程式 (Helmholtz equation) に音源を加えた形を導出するものです。その導出過程は厳密です。

　まず，Lighthill テンソル L_{ij} を定義します。

$$L_{ij} = \pi_{ij} - \pi_{ij}{}^0 = \rho u_i u_j + \left\{ (p - p_0) - c_0{}^2 (\rho - \rho_0) \right\} \delta_{ij} - \tau_{ij} \quad (5.35)$$

式 (5.29) の両辺に $\frac{\partial}{\partial x_j} \pi_{ij}{}^0$ を足し，式 (5.35) を使って，次式を得ます。

$$\frac{\partial \rho u_i}{\partial t} + \frac{\partial}{\partial x_j} \left(c_0{}^2 (\rho - \rho_0) \right) = -\frac{\partial L_{ij}}{\partial x_j} \quad (5.36)$$

式 (5.36) と式 (5.33) を使うことで，流れのある場合の波動方程式

$$\frac{\partial^2}{\partial t^2} (\rho - \rho_0) - c_0{}^2 \frac{\partial^2}{\partial x_j \partial x_j} (\rho - \rho_0) = \frac{\partial^2 L_{ij}}{\partial x_j \partial x_j} \quad (5.37)$$

を導出できます。

　式 (5.37) の右辺は音源項に相当します。そこには流れの変数を含む項目が含まれており，左辺の波動方程式と合わせて音波の生成を記述しています。

　式 (5.37) は「流れから音が出る」ということを圧縮性ナビエ‐ストークス方程式から理論的に厳密に導出した点で画期的です。しかしながら，Lighthill の応力テンソルを算出するには膨大な流れの計算を必要とします。しかも，Lighthill テンソルの内容が個々の物理的な現象にどう対応するかを分析しづらいという点も指摘されています。例えば物体表面から放射される音を表現する方法として，Curle は Lighthill 方程式を基礎にして無限遠で静止している流体中の物体表面から放出される場合の計算理論を提案しています [6]。興味のある方は参考文献 [6] を読んでみてください。

5.3　流れのある音場の数値解析

　ここまでは理論的な取り扱いを説明してきました。最近ではそれらの理論に基づいて，物体形状への適合性に優れた有限要素法と通常の PC を使った数値解析が身近に実施されるようになってきました。続いて，そのあたりを見ていきます。

5.3.1　線形性

　線形性とは，「解の重ね合わせが解になる」という性質です。非線形性とは線形性が成立しないものという意味です。非線形性は例えば，物理量自身の積が方程式の中に表れている場合に起こります。

　ある演算子 $\mathcal{L}$ を考えます。この演算子が線形性をもつとは，加法性 $\mathcal{L}(u_1 + u_2) = \mathcal{L}(u_1) + \mathcal{L}(u_2)$，同次性 $\mathcal{L}(au) = a\mathcal{L}(u)$ という性質を満たすことを意味します。具体的には以下のとおりです。

　添え字 0 のついた量が背景流れ (Background flow) となる状態の物理量，添え字 1 のついた量が微小な変動量であるとし，以下のように記述できるものとします。

$$u(x, t) = u_0(x) + u_1(x, t) \tag{5.38}$$

$$p(x, t) = p_0(x) + p_1(x, t) \tag{5.39}$$

$$\rho(x, t) = \rho_0(x) + \rho_1(x, t) \tag{5.40}$$

　質量保存の式を線形化してみます。まず，式 (5.26) に式 (5.38) と式 (5.40) を代入します。

$$\frac{\partial \rho_0(x) + \rho_1(x, t)}{\partial t} + \frac{\partial}{\partial x_j}\left(\left(\rho_0(x) + \rho_1(x, t)\right)\left(u_0(x) + u_1(x, t)\right)_j \right) = 0 \tag{5.41}$$

　ここで，微小量の 2 次の項は無視できるとして $\rho_1(x, t) u_{j1}(x, t) = 0$ と置けば，

$$\begin{aligned}
&\left(\rho_0(x) + \rho_1(x, t)\right)\left(u_0(x) + u_1(x, t)\right)_j \\
&\approx \rho_0(x) u_{j0}(x) + \rho_0(x) u_{j1}(x, t) + \rho_1(x, t) u_{j0}(x)
\end{aligned} \tag{5.42}$$

と記述できます。

　背景流れは次の質量保存の式を満たします。

$$\frac{\partial}{\partial x_j} \rho_0(x) u_{j0}(x) = 0 \tag{5.43}$$

　式 (5.41)，式 (5.42) および式 (5.43) から，次式を得ます。

$$\frac{\partial \rho_1(x,t)}{\partial t} + \frac{\partial}{\partial x_j}\left(\rho_0(x)\,u_{j1}(x,t) + \rho_1(x,t)\,u_{j0}(x)\right) = 0 \tag{5.44}$$

これは線形方程式であることが次の事実から分かります。

いま解 $\rho_a(x,t), u_{ja}(x,t)$ が次式を満たすとします。

$$\frac{\partial \rho_a(x,t)}{\partial t} + \frac{\partial}{\partial x_j}\left(\rho_0(x)\,u_{ja}(x,t) + \rho_a(x,t)\,u_{j0}(x)\right) = 0 \tag{5.45}$$

別の解 $\rho_b(x,t), u_{jb}(x,t)$ が次式を満たすとします。

$$\frac{\partial \rho_b(x,t)}{\partial t} + \frac{\partial}{\partial x_j}\left(\rho_0(x)\,u_{jb}(x,t) + \rho_b(x,t)\,u_{j0}(x)\right) = 0 \tag{5.46}$$

さて，これらの解の重ね合わせである $\rho_c(x,t) = \rho_a(x,t) + \rho_b(x,t), u_{jc}(x,t) = u_{ja}(x,t) + u_{jb}(x,t)$ が質量保存の式 (5.44) を満たすかどうかを検討します。

$$\frac{\partial \rho_c(x,t)}{\partial t} + \frac{\partial}{\partial x_j}\left(\rho_0(x)\,u_{jc}(x,t) + \rho_c(x,t)\,u_{j0}(x)\right)$$

$$= \frac{\partial \rho_a(x,t)}{\partial t} + \frac{\partial \rho_b(x,t)}{\partial t}$$

$$+ \frac{\partial}{\partial x_j}\left(\rho_0(x)\left(u_{ja}(x,t) + u_{jb}(x,t)\right) + \left(\rho_a(x,t) + \rho_b(x,t)\right)u_{j0}(x)\right)$$

$$= 式\,(5.45) + 式\,(5.46) = 0 \tag{5.47}$$

このように重ね合わせた解は，それもまた解になることが分かります。このことから，式 (5.44) が線形方程式であることが分かります。

5.3.2 線形化ナビエ - ストークス方程式による音場解析

音圧レベルが 100 dB あたりの音圧を考えてみます。なお，デシベルは次の式で定義されています。

$$dB = 20 \log_{10}\left(\frac{p}{p_{\text{ref}}}\right) \tag{5.48}$$

ただし，$p_{\text{ref}} = 20\mu\text{Pa}$（空気の場合）です。

式 (5.48) から 100 dB に相当する音圧を算出すると，$p = 2\,\text{Pa}$ です。大

171

気圧 p_0 は 0.1 MPa なので，この音圧は大気圧に比べて $p/p_0 = 20 \times 10^{-6}$ Pa と非常に小さいことが分かります。したがって，絶対圧で計算をしようとする場合にはよほど高精度で計算しないかぎり音圧は数値誤差に埋もれてしまい，計算では音圧変動を検出できないということになります。

(1) 基礎方程式

そこで，密度，圧力，流速，温度が基準状態（添え字 0）から大きく変動せず，解を式 (5.38)，式 (5.39) および式 (5.40) のように記述できると仮定して基礎方程式を線形化し，$\frac{p}{p_0} = O\left(10^{-5}\right)$ といった微小な圧力変動のみを計算で扱うようにします。こうすることで微小な圧力変動という繊細な情報を数値計算でも取り出せることになります。

(2) 線形化ナビエ‐ストークス方程式

線形化ナビエ‐ストークス方程式は次のとおりです。導出の考え方は質量保存の式 (5.44) と同様なので省略します。添え字 1 は省いて記述します。

$$\rho_0 \left\{ \frac{\partial \boldsymbol{u}}{\partial t} + (\boldsymbol{u} \cdot \nabla)\,\boldsymbol{u}_0 + (\boldsymbol{u}_0 \cdot \nabla)\,\boldsymbol{u} \right\} + \rho \left((\boldsymbol{u}_0 \cdot \nabla)\,\boldsymbol{u}_0 \right. = -\nabla \cdot \pi \qquad (5.49)$$

ここで π は式 (5.30) です。

式 (5.49) を見ると，基準状態からのずれが満たす方程式は線形であることが分かります。

5.4　数値解法 – 音源を与えて音の伝播を解析する方法

ここで紹介する数値解法は，圧縮性流れを一気に解くのではなく，段階的な解析法を使います。ソフトウェアは市販の COMSOL Multiphysics [7] を使用して流体と音場の連成解析を実施しました。数値解法は有限要素法です。

5.4.1　問題設定

　内部流れでの音の解析に本解法を適用してみましょう。いま，図5.3に示すようにまっすぐ伸びた円管流路の中を空気が亜音速で紙面の左から右へと流れているとします。その流路の中間位置に円筒形のヘルムホルツ共振器を取り付けておきます。音波を左側から入射すると音波は亜音速流れに乗って右へと移流されますが，途中にヘルムホルツ共振器が取り付けられているので，流れも変化し，音波もヘルムホルツ共振器の音波と干渉します。

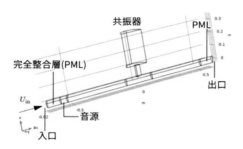

図5.3　ヘルムホルツ共振器を取り付けた円管流路のモデル

　この例では，左から入射した音波の音圧が右から流出する際にどれだけ変化するかを解析してみます。ここでの音は線形波であり，背景流れとして既定された流れの中に音波を導入した場合にその音波がどのように伝播するかに注目します。

5.4.2　数値解法について

　本数値解法の段階的な解析法を図5.4で具体的に示します。各段階での解析内容を順に説明していきます。

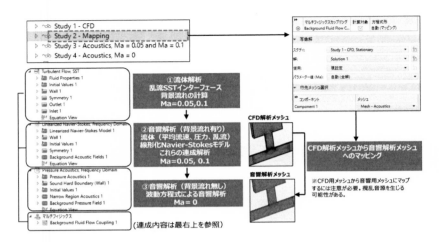

図 5.4 　圧縮性流れにおける音場の段階的解析法

この解析で留意していることは以下のとおりです。

(1) 乱流モデル (SST) による圧縮性乱流計算

円管内部流れは圧縮性の完全発達乱流 (Fully developed turbulent flow) であるとします。計算量を減らすために圧縮性乱流モデルの代表的モデルである SST モデルを使っています。

図 5.4 に乱流計算用に用いた有限要素メッシュの配置図として CFD 解析メッシュを示します。流体は固体壁上ですべりなしの条件を満たす必要があり，壁近傍の薄い層内で急激に流速が変化する速度境界層を精度良く計算する必要性から，壁近傍にメッシュを密に配置しています。

この段階では音波の計算は行っておらず，音波が伝播する媒質の移動速度である乱流場を算出しただけです。

(2) 線形化ナビエ‐ストークス方程式による音の伝播計算

続いて，線形化ナビエ‐ストークス方程式の解析に進みます。この式は媒質の移動速度を与えれば音の伝搬を計算できます。つまり，音響解析の段階では，背景流れ場（媒質の移動速度場）として上述の乱流解析で求め

た圧縮性乱流解を使います。

(3) 流体解析用メッシュと音響解析用メッシュの利用とマッピング

　ここで工夫をします。音響解析では計算量を低減するために図 5.4 に示す音響解析メッシュを使います。一方でそのような音響解析メッシュ上に複雑な CFD メッシュ上で求めた乱流解をそのまま写像したのでは，メッシュ間の数値的補間によって生じる誤差がかく乱音源として音響解析に混入してしまいます。そこで，乱流解を音響解析メッシュ上に適切に写像するステップを計算過程に組み込んでいます。

(4) 音源を既定した音伝播解析

　この応用例では，流れのない場合（Ma = 0，Ma はマッハ数）での音響解析も実施しています。その際も同じ音響解析メッシュを使います。なお，音波はヘルムホルツ共振器の上流側から入射させています。この計算の特徴は流れから発生する音ではなく，スピーカーなどで外部から注入した既定の音源を与えている点です。

5.4.3　解析結果

　さて，解析結果を順に説明します．音波の周波数を横軸にとったときに縦軸にとった音波の透過損失がどのように変化するかを示したグラフを図 5.5(a) に示しました。透過損失が大きければ円管流路の出口から放射される流れはそれだけ静かであることになります。流れのない Ma = 0 に比べて，流れの速度が Ma = 0.05, Ma = 0.1 と大きくなるとヘルムホルツ共振器による静音効果が失われていくことが分かります。

　図 5.5(b) には Ma=0.1 での流れ場を流線で示します。実験でも音圧はマイクロフォンで測定できますが，実験で流れ場や音響場の詳細な分布を定量的に可視化するのは困難です。一方，数値解析では現象のメカニズム解明や要因分析が容易に行えるという利点があります。

　図 5.5(c), (d), (e) は Ma=0.1 での 50 Hz，100 Hz，150 Hz における各音圧レベルを示しています。各図から，円管流路とヘルムホルツ共振器をつなぐ細い円管のところで音圧レベルの分布が変化することが明瞭に読

み取れます。

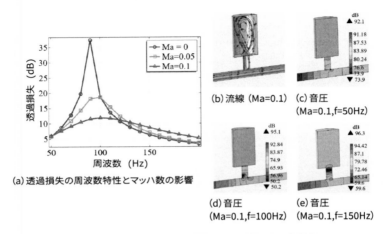

(a) 透過損失の周波数特性とマッハ数の影響

(b) 流線（Ma=0.1）

(c) 音圧
(Ma=0.1,f=50Hz)

(d) 音圧
(Ma=0.1,f=100Hz)

(e) 音圧
(Ma=0.1,f=150Hz)

図 5.5　ヘルムホルツ共振器のある円管流路の解析例

　ここで紹介した計算は，計算メモリ 16.32 GB，クロック周波数 2.6 GHz，マルチコアの一般的な PC で約 1 時間を要しました。ここで紹介した問題の解析手順に関する詳細な説明は参考文献 [8] を参照してください。

5.5　数値解法 – 流れ場から音源を抽出して音伝搬を計算する方法

　続いて，Lighthill の音響学的類推に基づく方法を紹介します。

5.5.1　問題設定

　図 5.6 の下側に Lighthill 応力テンソルを音源にもつ波動方程式を示しており，Lighthill 応力テンソルの簡単化についても記述があります。図 5.6 の上側は計算の対象とする流れ場を示しています。平板上（一部にキャビティ（空洞）が設置されている）を過ぎる流れから出る音を解析対

象としています。この計算では，キャビティに生じる複雑な流れによって生じる Lighthill テンソルが音源となって音を出し，それが流れに乗って移流するといった現象を捉えることができます。

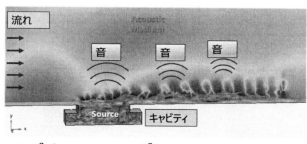

$$\frac{1}{{c_0}^2}\frac{\partial^2 p'}{\partial t^2} - \nabla \cdot \nabla(p') = \underline{\frac{\partial^2 L_{ij}}{\partial x_i \partial x_j}}$$
$$\text{流体運動による音源項}$$

$$L_{ij} = \underline{\rho v_i v_j} + \underline{\left((p - p_0) - {c_0}^2(\rho - \rho_0)\right)\delta_{ij}} - \underline{\tau_{ij}}^{\;0}$$

レイノルズ応力 　　非線形プロセス・圧縮性　　　粘性応力
　　　　　　　　　 によって生成

図 5.6　　Lighthill のアナロジーによる流れと音の相互作用のモデル

本章で利用したソフトウェアでは

$$\rho u_i u_j = \rho_0 \left[1 + O\left(M^2\right)\right] u_i u_j \approx \rho_0 u_i u_j \tag{5.50a}$$

$$(p - p_0) - {c_0}^2 (\rho - \rho_0) \approx O\left(\rho_0 v^2 M^2\right) \tag{5.50b}$$

であることから，$M < 0.3$ の低マッハ数において成立するような簡単化に加えて，Lighthill テンソルの中から粘性応力テンソルを省略した計算をしています。

$$L_{ij} = \rho_0 u_i u_j \tag{5.51}$$

177

5.5.2　空力音の数値解法

(1) 計算シミュレーションの方法

　空気から出る音を計算する空力音の計算シミュレーションには直接解法と分離解法という 2 通りの方法があります。

　直接解法では，圧縮性ナビエ‐ストークス方程式を解くことで流体現象と音の伝播を同時に解きます [3]。ただ，この方法は計算コストが高くなります。

　分離解法では流体の流れと音の伝播を分けて解きます。分離解法の計算のプロセスを図 5.7 に示します。この方法ではまず流れ場を解析し，そこから Lighthill の音響アナロジーによって音源項を取り出します。続いて音の伝播計算を行います。

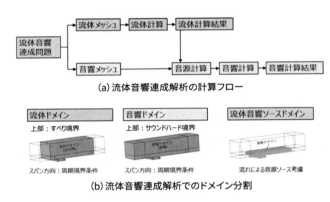

(a) 流体音響連成解析の計算フロー

(b) 流体音響連成解析でのドメイン分割

図 5.7　　Lighthill のアナロジーによる数値解析のフロー [9]

(2) 乱流の取り扱い

　続いて、乱流の取り扱いについて説明します。

　今回の流れ場は乱流です。乱流を精度良く，かつ人為的なモデルを少なくするために，まずレイノルズ平均ナビエ‐ストークスモデル (RANS, Reynolds Averaged Navier - Stokes) に基づいて乱流モデルによる定常乱流計算を実施しました。音は非定常計算を通じて初めて求まるものですが，この RANS の定常計算結果を次の高精度非定常流体計算の初期値

として用います。

非定常流体計算では，変分マルチスケール法に基づく物理的に妥当な（通常のラージエディシミュレーションとは異なり，Smagorinsky モデルや壁関数などの導入なしの）ラージエディシミュレーション (LES, Large Eddy Simulation)，あるいはそれよりは計算コスト（必要メモリと計算時間）を抑えることのできる RANS と LES のハイブリッド解法である DES (Detached Eddy Simulation) を使います。これらの LES および DES で時間依存解析を行うことで，乱流のもつ時間依存性を精度良く計算できます。

5.5.3 DES と Lighthill の音響アナロジーによる計算

ここでは著者らによって最近実施された DES による空力音の計算結果 [9] を紹介します。そこでは，壁近傍では Spalart-Allmaras 乱流モデルを使い，他の場所では残差ベースの変分マルチスケール法 (RBVM, Residual Based Variational Method) による LES の組み合わせによる DES を使っています。

(1) DES による非定常乱流計算

DES によって十分発達した初期解を得るために少し大きめの時間積分幅で流路長を複数回スイープする十分な非定常計算を行った後に，精度良く音源を求めるために十分細かくした時間積分幅を使って DES による非定常の時間領域での乱流解を求めます。乱流モデルは Spalart - Allmaras モデルを使います。LES では壁でのすべりなし条件を満たすために境界層の内部にかなり細かいメッシュを配置する必要がありますが，乱流モデルではその点を緩和でき，計算メモリと計算時間の短縮ができます。

一方で，壁から離れた箇所では 3 次元の非定常渦運動を精度良く解析する必要があり，そこは LES の手法を使う必要があります。その際，変分マルチスケール法に基づく LES を使うことで従来の LES がもつ壁関数などの問題を解決しています。

179

(2) 音響解析用のメッシュへのマッピング

　(1) で求めた乱流解を使って，Lighthill 方程式に基づいて音響解析を行います。音響解析用のメッシュに流体解析で利用したメッシュ上で得られている非定常乱流解をマッピングする（写像する）際に（数値的な音響ノイズを生じないように）精度良く行うよう注意する必要があります。なお，ここで利用したソフトウェアは自動的にそのような処理を行います。

　図5.8に計算に使用した有限要素メッシュを示します。ここでの計算は図5.8の上図にある流体解析 (CFD) メッシュを使いました。流体解析は壁でのすべりなし条件を満たすために壁近傍を細かいメッシュで覆う必要があります。流体解析用有限要素では約29.5万要素を使いました。流体解析が終わると音響解析に移ります。

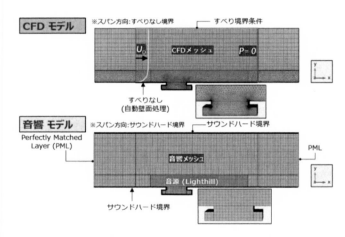

図 5.8　解析に使用した有限要素メッシュ：流体解析 (CFD) 用と音響解析用の2種類 [9]

(3) 非定常乱流解の FFT 変換による周波数領域への変換と音響解析

　音響解析用メッシュにマッピングされた非定常乱流解は，FFT変換によって周波数領域の解に変換されます。この周波数領域に変換された乱流解を使って周波数表現の Lighthill 方程式に基づいた周波数領域での音響

解析が行われます。音響解析では図5.8下図に示すような均質なメッシュを使っています。音響解析用有限要素は約18.5万要素を使いました。

(4) 音圧レベルの周波数スペクトルの算出と音場・渦度場の可視化

図5.9(a)にキャビティの底面に設置したマイク位置での音圧の周波数スペクトルの計算値を示します[9]。この周波数スペクトルには2個のピークが明瞭に捉えられています。ピーク周波数（図5.9(a)の$f1$および$f2$として示した位置）を実測値[10]と比較した結果を表5.1に示します。表5.1に示すとおり，実験で観測された2個のピーク($f1 = 1199.5\,\mathrm{Hz}, f2 = 2397.5\,\mathrm{Hz}$)と今回の計算で求まった2個のピーク周波数は絶対値で最大3％の誤差に留まっており，また，計算で予測された音圧レベル(dB)は周波数$f1$では4.9 dBの差，周波数$f2$では13.9 dBの差であり，非常に高い精度で流れ場と音の計算ができていることが分かりました[9]。

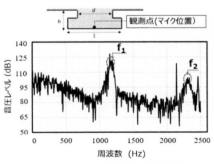

(a) 音圧レベル (dB) の周波数依存性の計算結果

(b) 1kHzでの音圧 (Pa) の計算値

(c) t = 0.1634での渦度 (1/s) の計算値

図 5.9　マイク位置での音圧レベルの周波数特性と 1 kHz での音圧，瞬間渦度 (1/s) の計算結果 [9]

表 5.1　DES による計算値と実験 [10] との比較 [9]

モデル	f_1 (Hz)	(dB)	f_2 (Hz)	(dB)
実験	1199.5	124.3	2397.5	88.2
DES	1180	119.38	2325	102.06
誤差 (%)	− 1.62	− 3.95	− 3.02	15.71

　本研究においてはスパン方向の長さ（流路の奥行方向）は実験 [10] と同じ寸法にしました。このようなタイプの流れ場の計算では計算量を抑えるためにスパン幅を狭く設定し，かつスパン方向に周期境界で計算を行うことがありますが，その場合には周波数スペクトルの分布形状が実験 [10] と異なることも分かりました。周期境界条件では実験で生じている流路側壁からの波の反射を記述できないためと考えられます。

　空力音は理論的にも興味深い研究開発分野です。図 5.9(b) には 1 kHz での音圧の空間分布を，図 5.9(c) には 0.1634 s での瞬間の渦度分布の計算値を示しました。このように，計算シミュレーションは音場や渦度場が可視化できます。音は渦度場の理解が非常に重要であり，今までスーパーコンピュータでしかできなかったこの種の計算が身近な PC でできることが分かりましたので，空力音の理論的研究にも大きく貢献すると思われます。

　なおこの計算は，メモリ約 35 GB，クロック周波数 3.6 GHz，24 コア，計算時間 133 Hrs（流体解析約 118 Hrs，音響解析約 15 Hrs）で行われました。

5.6　熱粘性音響

　壁付近を熱流体が流れると，速度境界層と温度境界層ができます。その内部では速度分布や温度分布が急速に変化するので，音波が壁付近を通過する際にそのような境界層の厚みがある程度の大きさをもつ場合には，境界層内の速度分布や温度分布の影響を受けます。このことを熱粘性の影響を受ける（熱粘性効果 Thermoviscous Effect）ということにします。

5.6.1　基礎式と線形化

　熱粘性音響方程式は後述の式 (5.57)〜式 (5.67) のとおりです。圧縮性流体の連続の式，運動量の式，エネルギーの式を各々線形化することで導出できます。

(1) 第 1 次近似までを考慮した線形化

基礎式を導出するには，線形化の方法から説明を行います。式 (5.52)～式 (5.56) が線形化を行う準備として物理量の加算分解を示しています。

$$u = u_0(x) + u_1(t, x) \tag{5.52}$$

$$p = p_0(x) + p_1(t, x) \tag{5.53}$$

$$T = T_0(x) + T_1(t, x) \tag{5.54}$$

$$\rho = \rho_0(x) + \rho_1(t, x) \tag{5.55}$$

$$Q = Q_0(x) + Q_1(t, x) \tag{5.56}$$

ここで，添え字 0 は背景流，添え字 1 は音響流（背景流に対する第 1 次の摂動），$x = (x, y, z)$ は空間座標，t は時間です。

背景流が静止している場合 ($u_0 = 0$) の熱粘性音響方程式を (2)～(5) で紹介します。

(2) 連続の式

線形化された連続の式（式 (5.44)）で背景流の速度を $u_0 = 0$ と置くことで次式を得ます。

$$\frac{\partial \rho_1(x, t)}{\partial t} + \frac{\partial}{\partial x_j}\left(\rho_0(x)\, u_{j1}(x, t)\right) = 0 \tag{5.57}$$

(3) 運動方程式

線形化されたナビエ‐ストークス方程式（式 (5.49)）で $u_0 = 0$ とすることで次式を得ます。

$$\rho_0 \frac{\partial u}{\partial t} = -\nabla \cdot \pi \tag{5.58}$$

(4) エネルギーの式

熱力学の第 1 法則を流れの場に適用すると，まずは線形化される前のエネルギー式を得ます。

$$\rho C_p \left(\frac{\partial T}{\partial t} + (u \cdot \nabla) T\right) = -\nabla \cdot q + \tau : S + T\alpha_p \left(\frac{\partial p}{\partial t} + (u \cdot \nabla) p\right) + Q \tag{5.59}$$

ここで，圧力変化による仕事は次式で表されます。

$$T\alpha_p \left(\frac{\partial p}{\partial t} + (\boldsymbol{u} \cdot \nabla) p \right) \tag{5.60}$$

ただし，$\alpha_p = -\frac{1}{\rho} \frac{\partial \rho}{\partial T}|_p$ は体積膨張係数です。次に，粘性による発熱は次式で表されます。

$$\tau : S \tag{5.61}$$

ただし，$S = \frac{1}{2} \left(\nabla \boldsymbol{u} + (\nabla \boldsymbol{u})^T \right)$ は歪速度テンソルです。

続いてエネルギー式の線形化を行います。まず，背景流の式を導出します。エネルギー式（式 (5.59)）の各項を添え字 0 の量で記述すると，次式を得ます。

$$\rho_0 C_p \left(\frac{\partial T_0}{\partial t} + \boldsymbol{u}_0 \cdot \nabla T_0 \right)$$
$$= -\nabla \cdot q_0 + [\tau : S]_{u_0=0} + T_0 \alpha_p \left(\frac{\partial p_0}{\partial t} + (\boldsymbol{u}_0 \cdot \nabla) p_0 \right) + Q_0 \tag{5.62}$$

背景流は時間に無関係であることと，速度場が 0 であることを考慮すると，

$$0 = -\nabla \cdot q_0 + Q_0 \tag{5.63}$$

を得ます。これが静止した背景流の満たすべき関係式です。

続いて，物理量を背景流＋第 1 次近似音響流で表すと，エネルギー式は次式で表されます。

$$\left(\rho_0 + \rho_1 \right) C_p \left(\frac{\partial (T_0 + T_1)}{\partial t} + ((\boldsymbol{u}_0 + \boldsymbol{u}_1) \cdot \nabla) (T_0 + T_1) \right)$$
$$= -\nabla \cdot q_0 - \nabla \cdot q_1 + \tau : S$$
$$+ (T_0 + T_1) \alpha_p \left(\frac{\partial (p_0 + p_1)}{\partial t} + (\boldsymbol{u} \cdot \nabla) (p_0 + p_1) \right) + Q_0 + Q_1 \tag{5.64}$$

線形化の作業では，添え字 1 のついた物理量が 2 個以上掛け算された項は高次の微小量であるとして 0 に置き換えます。$\boldsymbol{u}_0 = \boldsymbol{0}$ と置くと，この場合 $[\tau : S]_{u_0=0}$ は速度の摂動の掛け算の項であることから 2 次の微小量であり，0 として省略します。背景流の関係式 $0 = -\nabla \cdot q_0 + Q_0$ を適用す

ると，次の線形化されたエネルギー式を得ます。

$$\rho_0 C_p \left(\frac{\partial T_1}{\partial t} + (u_1 \cdot \nabla) T_0 \right) = -\nabla \cdot q_1 + T_0 \alpha_p \left(\frac{\partial p_1}{\partial t} + (u \cdot \nabla) p_0 \right) + Q_1$$

(5.65)

ただし，$q_1 = -k\nabla T_1$ です。

(5) 密度

密度は圧力と温度の関数ですが，これも線形化します。まず，$\rho_0 = \rho(p_0, T_0)$ 周りでテーラー展開を行うと次式を得ます。

$$\rho(p, T) = \rho(p_0 + p_1, T_0 + T_1) \cong \rho(p_0, T_0) + \frac{\partial \rho}{\partial p}|_{T_0} p_1 + \frac{\partial \rho}{\partial T}|_{p_0} T_1$$

(5.66)

続いて，等温圧縮率 $\beta_T = \frac{1}{\rho} \frac{\partial \rho}{\partial p}|_{T_0}$，体積膨張係数 $\alpha_p = -\frac{1}{\rho} \frac{\partial \rho}{\partial T}|_{p_0}$ を導入することで，密度の摂動項を得ます。

$$\rho_1(p, T) = \rho(p, T) - \rho(p_0, T_0) = \rho_0 (p_1 \beta_T - T_1 \alpha_p)$$

(5.67)

5.6.2 狭い平行平板流路への適用

(1) 問題の説明

それでは，これらの方程式を使って高さ $H = 1$[mm]，長さ $L = 5$[mm] の矩形流路の中に生じる熱粘性音響流れを計算した結果を紹介します。計算は前項で紹介した時間依存の式を周波数域での式に変換したものを解いています。静止した背景場の温度は $T_0 = 293\,\text{K}$，圧力は $p_0 = 1\text{atm}$ とします。この流路に対して長手方向に 1 Pa の圧力差を周波数 f Hz で印加します。流路側面は対称境界条件（法線方向速度成分が 0，温度の法線方向微分が 0）とし，上面と床面はともにすべりなし速度条件と等温条件を設定しています。図 5.10 に計算の対象とする系の寸法と境界条件を示します。本項では周波数 $f = 500\,\text{Hz}$ のケースを計算してみました。

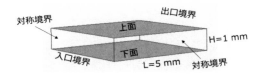

図 5.10　平行平板ではさまれた流路の計算条件

(2) 解析解

　この流れ場の解析解は角周波数 $\omega = 2\pi f$ を使って次式で表されています。

【熱粘性音響流の圧力場】

$$p(x) = \Delta p(L - x) \tag{5.68}$$

$$\Delta p = \frac{1}{L}\left(p_{\text{in}} - p_{\text{out}}\right) \tag{5.69}$$

【熱粘性音響流の速度場】

$$u = -\frac{\psi_{\text{visc}}\Delta p}{ik_0 Z_0} \tag{5.70}$$

【熱粘性音響流の温度場】

$$T = \frac{\psi_{\text{therm}}p}{\rho_0 C_p} \tag{5.71}$$

【ポテンシャル関数】

$$\psi_\phi = 1 - \frac{\cos(k_\phi z)}{\cos\left(k_\phi \frac{H}{2}\right)} \tag{5.72}$$

　ここで，添え字 ϕ = visc あるいは therm であり，$k_{\text{visc}}^2 = -i\frac{\omega\rho_0}{\mu}$，$k_{\text{therm}}^2 = -i\frac{\omega\rho_0 C_p}{k}$ です。

(3) 解析手順と結果

　この問題を解くための COMSOL Multiphysics での操作法を詳細に説明した PDF は文献 [11] から入手できます。簡単な GUI (Graphical User Interface) 操作で問題を解くことができることが分かるでしょう。

操作方法は [11] の PDF で確認していただくとして，本書では計算結果について説明します。

　有限要素メッシュを図 5.11 に示します。流路の上面と下面に発達する薄い境界層内部の速度分布と温度分布を十分に解像するために，流路上面および下面に近づくにつれて，上面あるいは下面に立てた法線方向に徐々にメッシュの高さが細かくなるように配置しています。図 5.11 の右図は速度分布の長手方向 5 ヶ所にとった断面での速度分布図を示しています。

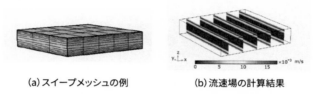

(a) スイープメッシュの例　　　　(b) 流速場の計算結果

図 5.11　平行流路の計算結果；メッシュ（左図）と速度分布の断面表示（右図）

　図 5.12 は，流路の中央にとった上下面を結ぶ線分上の速度分布（左図）と温度分布（右図）を示します。図 5.12 は周波数が 500 Hz の場合を表しており，熱粘性音響流に特有の変曲点が複数，観察できます。解析解は記号で示しており，有限要素解と解析解がよく一致していることが分かります。

　図 5.12 の速度分布および温度分布は壁から約 0.1 mm の間で急激に変化しています。この部分が境界層です。5.2.1 項ですでに述べたように 500 Hz では推定される速度境界層の厚みが 0.098 mm であり，今回の結果と合っています。

　また，空気の場合はプラントル数が 0.7 であり，温度境界層は速度境界層をプラントル数 (0.7) の平方根 (0.837) で割った数値となり，温度境界層の厚みの方が速度境界層の厚みより大きい（約 1.19 倍）と推定されており，図 5.12 の右図の温度分布もそのようになっています。

　図では示していませんが，周波数が 20 Hz と低くなると上下の境界層の厚みが 0.49 mm になって流路全域（今回の流路の高さは 1 mm）に発

達することが分かりました。その場合には速度分布と温度分布は放物型になり，その場合も解析解と一致することを確かめました。

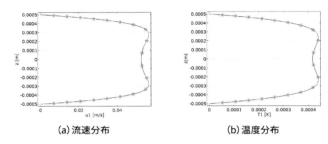

(a) 流速分布　　　　　　　　　(b) 温度分布

図 5.12　　500 Hz での平行流路の中央断面での速度分布と温度分布

　熱粘性音響方程式を利用した例題は第 6 章でも取り上げています。そこでは非線形の熱粘性音響問題をどのように解析するか具体的な手順も含めて説明しています。

　これからの世の中は電気自動車に乗り，テレワークもこなしながら活動を継続していく生活スタイルが日常になるでしょう。そのような生活環境では超静粛性が求められます。遮音や防音に加えて，自動車や空調によって生み出される流れから出る音の低減技術は今後，ますます重要な技術になっていくことでしょう。高音質のイヤホンの開発や高齢化社会が進むことによる聴覚の衰えを補う器具は高精度化が必須です。耳介から外耳道を経て鼓膜に至る 3 次元流路は，熱粘性音響が影響するサイズです。熱粘性音響の理解が今後ますます重要になってくるでしょう。

参考文献

[1]　望月修，丸田芳幸：流体音工学入門，朝倉書店 (1996).

[2]　Finn, B. S.: Laplace and the Speed of Sound, ISIS, Vol.55, No.179 (1964).
https://www3.nd.edu/~powers/ame.20231/finn1964.pdf （2023 年 12 月 12 日
参照）

[3]　Inoue, O. and Hatakeyama, N.: Sound generation by a two-dimensional circular
cylinder in a uniform flow, *Journal of Fluid Mechanics*, Vol.471, p.185 (2002).

[4]　安養寺正之：火星を飛行探査する火星探査航空機
https://www.isas.jaxa.jp/feature/forefront/170524.html （2023 年 12 月 12 日

参照）

[5] Lighthill, M. J.: On sound generated aerodynamically I.General theory, *Proc.R.Soc.London*, A221, pp.564-587 (1952).

[6] Curle, N.: The influence of solid boundaries upon aerodynamic sound, *Proc.R.Soc.London*, A231, pp.505-514 (1955).

[7] COMSOL Multiphysics
https://www.comsol.jp/products（2023 年 12 月 12 日参照）

[8] Helmholtz Resonator with Flow: Interaction of Flow and Acoustics
https://www.comsol.jp/model/helmholtz-resonator-with-flow-interaction-of-flow-and-acoustics-35011（2023 年 12 月 12 日参照）

[9] マイワンドシャリフィ エスマトラ，米大海：COMSOL Multiphysics による流れに起因するノイズの数値解析，『日本機械学会関東支部第 29 期総会・講演会 講演論文集』（2023 3.16-17（茨城））.

[10] P. Lafon, S. Caillaud, J. P. Devos, C. Lambert: Aeroacoustical coupling in a ducted shallow cavity and fluid/structure effects on a stream line, *Journal of Fluids and Structures*, Vol.18, pp.695-713 (2003).

[11] Uniform Layer Waveguide
https://www.comsol.jp/model/uniform-layer-waveguide-10275（2023 年 12 月 12 日参照）

第6章

アプリによる数値解析

6.1　はじめに

　本章では，最新の数値解析環境である COMSOL Multiphysics を利用して流れのある音場の数値計算をどのように組み立てていくのか，具体的な手順を交えて説明します。

　第 5 章は線形的な波について説明しましたが，本章では非線形性をもつ波について説明をします。

　従来の CAE は，数値解析モデルの開発はその分野の専門家が行い，解析結果はレポートや論文を経由して公開されるといった形式をとってきました。ここでは数値解析モデルの開発は専門家が行いますが，開発されたモデルを「誰でも・いつでも・どこでも」[1] 利用できるようにする有効な方法として，アプリ化とその配布機能についてご紹介します。この方法によればソフトウェアの操作法を知らなくてもアプリに付加された簡単な GUI を使ってすぐにパラメータを入力，計算を実行し，結果を検討できます。

　COMSOL Server[2]（ソフトウェア）を使えば，利用者はグラフィック端末からサーバー機へ WEB を経由してアクセスすることで，計算条件の入力，計算実行，計算結果の可視化が行えます。この場合には利用者の端末は安価なものが使えます。一方，アプリを WEB 環境に依存せずにスタンドアロンの形で利用したい場合には，COMSOL Compiler[2](ソフトウェア) を利用して開発モデルを実行形式ファイルに変換します。利用者は実行ファイルをライセンスなしに利用できるので，利用できる PC 上で大規模計算を長時間実行するといったことも可能です。

6.2　音と渦の相互作用

　本節では，説明に利用する事例の問題設定，計算に利用される基礎方程式やメッシュ，結果についての検討項目を説明します。

6.2.1 問題設定

2次元流路の途中に狭い隙間（以後，スリット）を設置したとき，スリットの周囲に生じる空気の渦運動と音波の相互干渉の様子を数値解析で可視化します。文献 [3] を参照して，スリットの厚みは 1.02 mm (0.04 in) とします。スリット穴径は 1.27 mm (0.05in) としています。

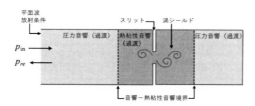

図 6.1　スリットのある 2 次元流路での音と流れの相互作用

図 6.1 の左側境界から右方向に音圧レベルが 155 dB の平面音波が入射します。デシベルの定義から，時間平均で 1124 Pa の音圧（瞬時値では1590 Pa の音圧に相当する）が左側境界に設定されていることになります。平面音波の周波数は 500 Hz，1 kHz，1.5 kHz，2 kHz を調べることにします。

6.2.2 基礎方程式およびメッシュ配置

この問題は，狭い通路を音波が通過するので壁近傍では粘性および温度の影響を考慮する必要があります。一方で，すべての計算領域でそれを行うと計算コストがかかってしまいます。そこで，以下の 2 つの方程式系を別々の領域に適用し，異なる方程式の領域間の境界に連成条件を設定することで計算量の軽減を図ります。

(1) 熱粘性音響方程式

$$\frac{\partial \rho_t}{\partial t} + \nabla \cdot (\rho_0 \boldsymbol{u}_t) = 0 \tag{6.1}$$

193

$$\rho_0 \frac{\partial \boldsymbol{u}_t}{\partial t} = \nabla \cdot \sigma \tag{6.2}$$

$$\rho_0 C_p \left(\frac{\partial T_t}{\partial t} + \boldsymbol{u}_t \cdot \nabla T_0 \right) - \alpha_p T_0 \left(\frac{\partial p_t}{\partial t} + \boldsymbol{u}_t \cdot \nabla p_0 \right) = \nabla \cdot (k \nabla T_t) + Q \tag{6.3}$$

$$\sigma = -p_t I + \mu \left(\nabla \boldsymbol{u}_t + (\nabla \boldsymbol{u}_t)^T \right) - \left(\frac{2}{3} \mu - \mu_B \right) (\nabla \cdot \boldsymbol{u}_t) I \tag{6.4}$$

$$\rho_t = \rho_0 \left(\beta_T p_t - \alpha_p T_t \right) \tag{6.5}$$

$$p_t = p + p_b, \boldsymbol{u}_t = \boldsymbol{u} + \boldsymbol{u}_b, T_t = T + T_b \tag{6.6}$$

これらの式はスリット近傍の領域（図 6.2 の熱粘性音響領域）に限定して使用します。

図 6.2　物理領域の分割と接続

(2) 圧力音響方程式

$$\frac{1}{\rho c^2} \frac{\partial^2 p_t}{\partial t^2} + \nabla \cdot \left(-\frac{1}{\rho} \left(\nabla p_t - q_d \right) \right) = Q_m \tag{6.7}$$

$$p_t = p + p_b \tag{6.8}$$

これは通常の圧力音響方程式であり，断熱で非粘性の流れに適用できることから，スリットから離れた領域（図 6.2 の圧力音響領域）でのみ使用します。このような使い分けによって，すべての領域に熱粘性音響方程式を適用する方法より大幅に計算メモリを削減できます。

(3) マルチフィジックス連成

(1) および (2) の 2 種類の方程式は図 6.2 に示すスリット近傍の熱粘性音響領域とその外側領域の圧力音響領域の各々に適用されます。さらに，

2 種類の領域の接続境界（図 6.2 の MP で指示した 2 ヶ所の境界線上）では次式で記述される連成条件を課します。

$$-n \cdot \left(-\frac{1}{\rho_c} \left(\nabla p_t - q_d \right) \right) = -n \cdot \frac{\partial u_t}{\partial t} \tag{6.9}$$

$$\left[-p_t I + \mu \left(\nabla u_t + (\nabla u_t)^T \right) - \left(\frac{2}{3}\mu - \mu_B \right) (\nabla \cdot u_t) I \right] n = -p_t n \tag{6.10}$$

$$-n \cdot (-k\nabla T_t) = 0 \tag{6.11}$$

(4) メッシュ配置

図 6.3(a) および図 6.3(b) にはスリット近傍のメッシュの配置を制御して生成した結果を示します。熱粘性音響ではスリットの壁近傍での流速場に生じる粘性境界層と温度場に生じる温度境界層をともに精度良く取り扱う必要があるので，メッシュをかなり細分化しているのが分かります。

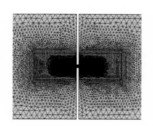 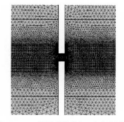

(a) メッシュ制御領域 (MC) 近傍拡大　　(b) メッシュ制御領域 (MC) 内部拡大

図 6.3 メッシュ制御領域

6.2.3　検討項目

数値解析を使って，下記の 3 項目を検討しました。

・ 平面音波によって生じるスリット近傍の渦運動および圧力場の可視化
・ 次式で定義される反射係数の計算と参考文献値との比較

$$|R|^2 = \frac{\left(\int_{T_s}^{T_s + 4T_0} p_{re}\,(t)^2\,dt \right)}{\left(\int_{T_s}^{T_s + 4T_0} p_{in}\,(t)^2\,dt \right)} \tag{6.12}$$

・　ここで使用する計算方法の妥当性の確認

(1) 渦運動および圧力場の可視化結果

　まず，図 6.4 に音波によって誘発されるスリット近傍の渦運動を可視化した結果を示します。色の濃淡は流速の大・小に対応しています。

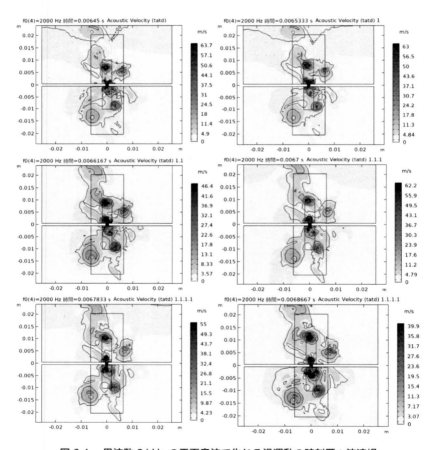

図 6.4　周波数 2 kHz の平面音波で生じる渦運動の時刻歴：流速場

　図 6.5(a) は，2 kHz での音圧分布の可視化結果です。スリットの壁で

入射してきた音波は大部分が反射されますが，スリットの穴近傍に渦運動を伴う細かな圧力変動が観察されます。スリットの穴を通過した箇所でも渦運動に伴う細かな圧力変動が観察されます。また，右側端面では音波が反射しています。

　周波数を変えたときの密度比（静止状態の密度との比）の最大値の時刻歴を図 6.5(b) に示します。ここで調べた周波数の範囲では，1.5 kHz のときに最大値をとり，密度比は 0.045 程度です。

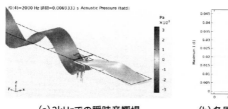 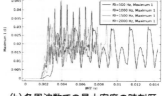

(a) 2kHz での瞬時音響場 　　　(b) 各周波数での最大密度の時刻歴

図 6.5　　周波数 2 kHz の瞬時音圧場と各周波数での密度変動

(2) 反射係数の検討結果

　次に，式 (6.12) から反射係数 |R| を算出しました。その結果を表 6.1 に示します。

表 6.1　　反射係数の算出

周波数	500 Hz	1 kHz	1.5 kHz	2 kHz
反射係数	0.604	0.813	0.641	0.901

これは参考文献 [3] の結果とよく一致しています。

(3) 計算の妥当性の確認

　表 6.1 の反射係数が参考文献値と一致することから，ここでの計算は妥当であると考えられます。しかし，計算に使用した基礎方程式の導出で仮定されている条件を満たしているかどうかも検証してみる必要があり

ます。

　図 6.5(b) に示したように，計算した周波数範囲では密度比は 0.045 以下でした。これは今回使用した線形化ナビエ‐ストークス方程式の導出仮定を満たす数値であり，ここで行った計算は妥当であることが分かります。

6.3　モデルの開発

　COMSOL Multiphysics を使ってモデル開発を行いました。さらに，COMSOL Multiphysics は GUI として COMSOL Desktop を利用できるので，物理モデルの開発を行うには COMSOL Desktop のモデルビルダーを利用します。ここでは 6.1 節で紹介した例を利用して，モデルビルダーによる物理モデルの開発手順を説明します [4]。

6.3.1　空間次元，フィジックスとスタディの選択

　COMSOL Multiphysics を新規に起動してモデリングする際に，ソフトが提供する「モデルウィザード」を利用して，数値モデルの空間次元，計算したいフィジックスおよびスタディのタイプを選択できます。今回は図 6.6 のように 2D モデルで，熱粘性音響と圧力音響を過渡的に計算するモデルを作成します。

図 6.6　熱粘性-圧力音響 2D 過渡解析モデルの準備

　上記選択することによって，計算したいフィジックスの支配方程式およびデフォルトの境界条件，初期条件が含まれた 2D 時間依存モデリングの

作業 GUI 環境が図 6.7 のように自動的に用意されます。

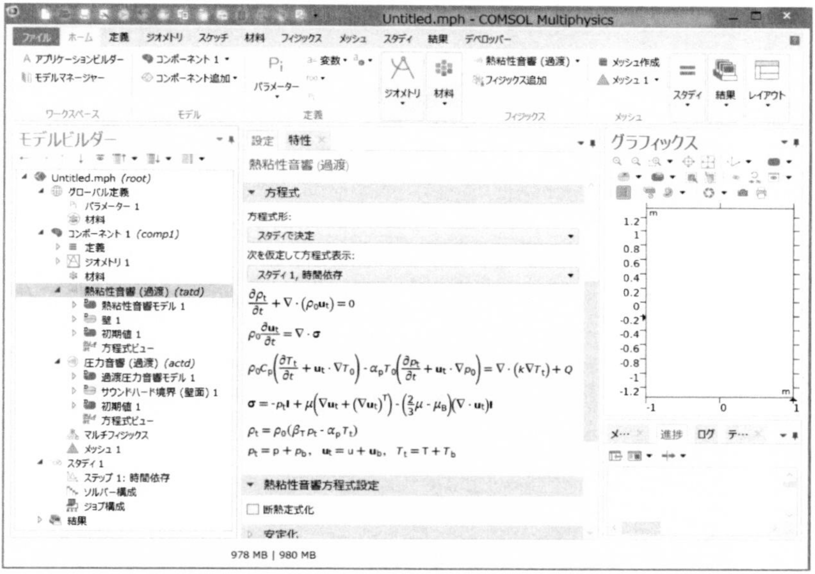

図 6.7　熱粘性-圧力音響 2D 過渡解析モデルの開発 GUI 環境

6.3.2　パラメータの設定

　基本的なモデリングのプロセスは，数値モデルのジオメトリ，各部分に適用するフィジックス方程式および初期条件＆境界条件，物性値を作成，設定して，数値計算上必要なメッシュとスタディ（ソルバー）を用意して計算し，必要な結果とデータをポスト処理で作成，出力するというものです。

　このプロセスの中で，モデリング上必要な定数をパラメータにあらかじめ定義することができます。これによって，モデルの入力設定を容易に変更できたり，パラメトリックスタディを作成したりできます。

　今回のモデルに関して，ジオメトリを作成する際に必要な寸法と，モデリングする際に必要な周波数，音速，入射波音圧レベルなどの情報をパラ

199

メータとしてあらかじめ図 6.8 のように定義します。

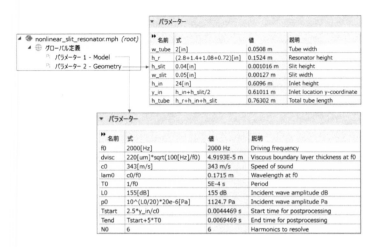

図 6.8　パラメータ定義

6.3.3　ジオメトリの設定—物理領域およびメッシュ制御領域

　モデルのジオメトリを図 6.9 に示します。細長い流路の中に狭いスリットが存在する 2D 形状です。スリットとその近傍は熱粘性音響の計算領域になります。それ以外の部分は圧力音響の適用領域です。

　また，熱粘性音響を計算する際，境界層やスリット近傍の渦を解像するために細かいメッシュが必要になるため，メッシュ制御用エッジも作成します。

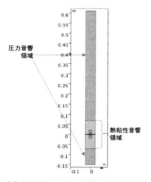
(a) 熱粘性と圧力音響の計算領域

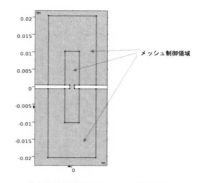
(b) 熱粘性音響のメッシュ制御領域

図 6.9　ジオメトリ作成

6.3.4　材料物性の設定

全領域の材料に空気を適用するため，COMSOL Multiphysics の材料データベースにある「Air」を利用します。図 6.10 に示すように，材料物性は温度および圧力の関数になります。

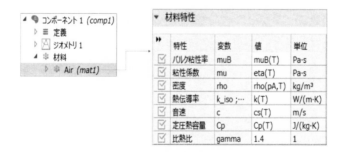

図 6.10　材料物性設定

6.3.5　物理モデルの設定

(1) 熱粘性音響フィジックス

狭いスリットとその近傍の領域を熱粘性音響の領域に設定します。図 6.11 のように熱粘性音響領域に「非線形熱粘性音響寄与」条件を追加

設定して，反射された高調波信号による渦運動をモデリングします。スリット近傍の壁には「すべりなし」および「等温条件」，計算領域両サイドの壁には「すべり」および「断熱条件」を設定します。

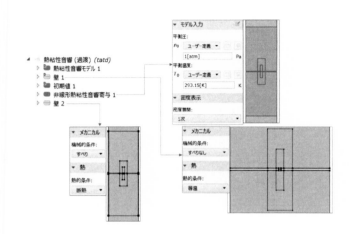

図 6.11 熱粘性音響における条件設定

(2) 圧力音響フィジックス

　図 6.12 のように熱粘性音響領域の両側に圧力音響インターフェースを設定します。次に圧力音響領域の片端に平面波放射条件を追加して，入射波を定義します。このとき，入射条件以外の境界はサウンドハード境界に

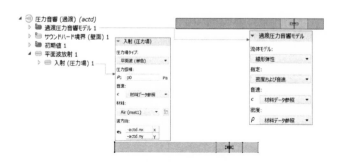

図 6.12　圧力音響における条件設定

なります。

(3) マルチフィジックス連成

　マルチフィジックスノードにて，図 6.13 のように音響-熱粘性音響境界を追加して熱粘性音響と圧力音響間の境界上の連成関係を指定します。

図 6.13　圧力音響-熱粘性音響連成境界設定

6.3.6　メッシュ生成

(1) 物理領域メッシュ

　圧力音響領域ノードメインメッシュの最大要素サイズは波長の 6 分の 1 に設定し，平面波放射境界のメッシュはチューブ幅の 8 分の 1 に設定します。図 6.14 を参照してください。

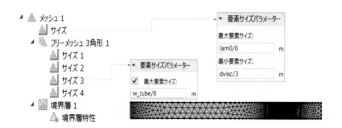

図 6.14　圧力音響領域のメッシュ

(2) 熱粘性領域のメッシュ制御

　2 つのメッシュ制御領域を利用してメッシュサイズを細かくし，スリット近傍境界のメッシュサイズをさらに細かくします。また，スリット近

傍，熱粘性音響のすべりなし壁条件を適用した境界に，境界層メッシュを適用します。図 6.15 の (a)，(b) はメッシュ制御領域の要素サイズ設定，(c) はスリット近傍エッジ境界の要素サイズ設定，(d) は境界層要素サイズ設定です。なお，dvisc はパラメータで定義した周波数依存粘性境界層厚みです。

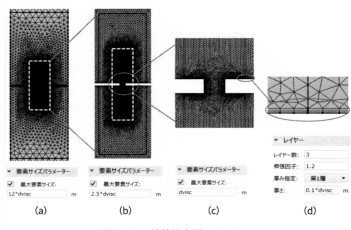

図 6.15　熱粘性音響のメッシュ

6.3.7　スタディ設定および完成モデル

　時間依存スタディについて，あらかじめ定義したパラメータ Tend，T0 を利用して，range (0,T0/30,Tend) のように設定します。この設定により，時間 0 秒から Tend 秒まで計算し，T0/30 秒の間隔で結果が保存されます。

　ここでは周波数 500 Hz，1000 Hz，1500 Hz と 2000 Hz の 4 通りを計算します。このようなパラメトリックスタディは，パラメトリックスイープ機能で便利に設定できます。

　設定されたスタディは図 6.16 に示します。計算する際に，周波数 4 通りのそれぞれの場合の 0 秒から Tend 秒までの時間依存計算が実行されます。

図 6.16　スタディ設定

　計算実行後，周波数 2000 Hz，時間 0.006933 秒のときの音響速度分布を表示した完成モデルの全体図は図 6.17 のようになります。

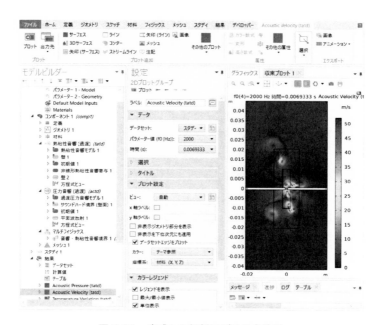

図 6.17　完成した解析モデルの全体図

205

6.4 アプリ化

アプリの作成は，COMSOL Desktop のアプリケーションビルダーを
利用して行います。

6.4.1 アプリ作成の概要

アプリは COMSOL サーバーによる WEB 経由での利用形態と，
COMSOL コンパイラーによる実行形式ファイル経由での利用形態があ
ります。WEB 経由ではユーザーはグラフィック端末を利用すると考えら
れます。その場合，画面サイズが通常の PC に比べて小さくので，アプリ
を作成する場合にはユーザーの画面サイズを意識する必要があります。こ
こでは実行形式ファイルによる配布を想定して，通常の PC の画面サイズ
を前提としたアプリの作成方法を説明します。

なお，アプリケーションビルダーではアプリの画面のひな型を多種用意
しており，グラフィック端末を想定した GUI 画面は容易に作成できます。

6.4.2 アプリ用 GUI の設計

解析アプリでは，パラメータの入力，画像やデータシートの読み込み，
ジオメトリ／メッシュ／結果のプロット表示，アニメーション表示，レ
ポート作成など，さまざまな機能をカスタマイズできます。さらに，アプ
リケーションビルダーにて COMSOL API を利用して，カスタムプログ
ラムの追加によって，従来の GUI のみで開発した解析モデルができない
条件付き反復計算などの機能拡張もできます。

今回は，6.2 節で開発した解析モデルをベースに，パラメータ入力，
メッシュ表示，計算実行，2D および 1D プロット表示，アニメーション
表示，レポート作成機能を含めて解析アプリを作成します。

アプリを開発する際に，図 6.18 の COMSOL Multiphysics のアプリ
ケーションビルダーを利用して，新規フォームからアプリで利用したい機
能（入力パラメータ，プロットしたいメッシュおよび結果，計算実行ボタ
ンなど）を簡単に選択，追加できます。また，図 6.19 のアプリ開発画面
から、追加されたコンテンツを簡単にレイアウト変更，カスタマイズ設計

できます。

図 6.18　アプリケーションビルダーの新規フォームによるアプリ開発

図 6.19　コンテンツのレイアウトを設計中のアプリ開発画面

　開発完了後，テスト機能によって図 6.20 のようにアプリの画面のデザインと動作を確認できます。

　図 6.17 のモデル開発画面を利用するには，解析モデル関連の数理知識や，ジオメトリ・メッシュ・支配方程式および境界条件設定・ソルバー設定などモデル作成ツールの使い方も把握する必要があります。一方で，

図 6.20 のアプリケーションは，特定な課題に対して，必要なパラメータの入力フィールドおよび考察したい結果のプロットのみによって構成されていて，数値解析の知識がない方でも簡単に利用できることが分かります。

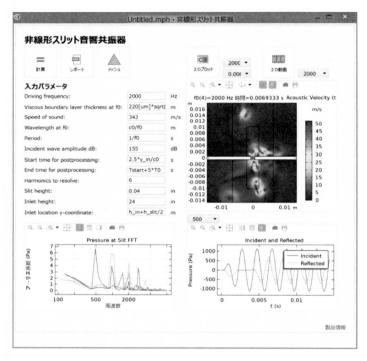

図 6.20　開発完了のアプリ画面

6.5　アプリの配布機能

　作成済みの解析アプリについて，COMSOL Server（ソフトウェア）をインストールしたサーバーマシンにアプリ所有者がアプリをアップロードしてユーザーが WEB を経由して利用する方式と，アプリ所有者が

COMSOL Compiler（ソフトウェア）を利用して解析アプリを実行形式
ファイルにコンパイルし，そのコピーをユーザーに配布して利用していた
だく方式があります。

　COMSOL Compiler を利用した解析モデルのコンパイルは，
COMSOL アプリケーションビルダーのコンパイラーボタン 1 つで簡単
に行うことができます。モデルを実行形式ファイルにコンパイルする際
に，Windows，Linux，macOS，macOS (ARM) を含めたアプリの実
行プラットフォームも選択できます（図 6.21 参照）。

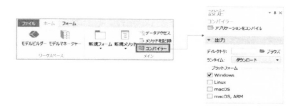

図 6.21　コンパイラーの設定

　COMSOL Server を利用する場合，アプリのアップロード，管理，更
新，計算，アクセス権限などすべてサーバー側でコントロールできるた
め，アプリ運用の集中管理ができて便利です。ただし，アプリの計算実行
はすべてサーバー側で行われるため，ユーザー側の端末スペックの制限は
小さいものの，ネット状況とサーバーマシン性能によって，同時にアクセ
スおよび計算実行できるユーザー数が限られます。

　一方 COMSOL Compiler によって実行形式ファイルのコピーを配布
する場合，計算はユーザー側 PC で行われているため，サーバーマシンを
維持する必要はありません。しかしユーザー側 PC スペックによって計算
できるアプリの制限があるため，アプリの管理および更新の工夫も必要
です。

　実際の利用形式を想定してアプリの配布方式を選ぶことで，アプリのメ
リットを最大限に生かした運用をするのがよいでしょう。

6.6 「誰でも・いつでも・どこでも」利用できるU - CAE環境へ

　以上，物理モデルの開発からアプリ作成，そしてそれを配布する機能について見てきました。本節ではこの数値解析環境を利用した場合にCAEがどのように革新されていくかを展望してみたいと思います。

　まず，「誰でも・いつでも・どこでも」利用できるCAE環境が構築できることは容易に想像できると思います。これをU-CAE (Ubiquitus CAE) と呼ぶことにします [5]。

　日本のものづくりは本書にあるように折紙工学などの最先端の技術を駆使して発展してきていますが，製品の開発競争は激化しています。製品のコモディティ化の波が進み，価格競争に巻き込まれています。そこを脱出するにはユーザーのニーズを的確に把握して，その情報を開発コンセプトに織り込むために製品開発の最上流側に入力する，いわゆるフロントローディングの活動が必須です。従来のマーケティングでは市場情報を探索しトレンドを把握すれば済んだのですが，現在のユーザーは多様なニーズをもっており，それを把握するのは容易ではありません。したがって，自身がユーザーであるという立場から顧客の未知のニーズを高精度に予測する能力が必須です。これは営業も同じです。顧客のニーズを予測してその解決策を提案する能力が必須です。しかしながら，技術系の組織では専門性の壁が立ちはだかって思うように技術の新たな可能性の理解までは到達できない状況にあります。

　アプリによるU-CAEを利用すれば，マーケティングや営業に属する人たちでも技術を体験でき，かつ利用者独自のアイデアを自由に試すことができます。そこから誰も気付いていない技術の新たな価値を見出すきっかけをつかむことができるかもしれません。専門家が気付きにくい視点からの検討が進むかもしれません。従来と違うのは，アプリは物理をベースに作成されているので，エネルギー保存に反するといった荒唐無稽なアイデアはスクリーニングされた状態で新規のアイデアが提案される点にあります。

　日本は高齢化が進んでいます。ものづくりの現場では熟練者の暗黙知を

形式知にする活動が必要ですが，アプリを利用すればこの点も具体化できます。アプリを使って形式知を仮に構成すれば質問の内容が具体化するので熟練者からの適切なフィードバックを得やすくなり，そこに新たな暗黙知が公開され，気付きが拡大します。

参考文献

[1] 村松良樹，橋口真宜，米大海：超スマート社会を支援するユビキタスマルチメディア教育スタイルの提案，『第 28 回計算工学講演会論文集』(2023).

[2] COMSOL Software Product Suite.
https://www.comsol.jp/products（2023 年 12 月 12 日参照）

[3] Tam, C.K.W. and Ju, H.: A Computational and Experimental Study of Slit Resonator, *Journal of Sound Vibration*, Vol.284, pp.947-984 (2005).

[4] COMSOL Multiphysics Application Gallery Examples: Nonlinear Slit Resonator.
https://www.comsol.jp/model/nonlinear-slit-resonator-47171（2023 年 12 月 12 日参照）

[5] 橋口真宜，米大海：音響メタマテリアル解析動向とアプリの開発，『第 35 回計算力学講演会論文集』(2022).

索引

著者紹介

萩原 一郎 (はぎわら いちろう)

明治大学研究特別教授　先端数理科学インスティテュート(MIMS)＆先端科学ELSI研究所
(MIAD)，工学博士（機械工学），東京工業大学名誉教授
1972年：京都大学大学院工学研究科数理工学専攻修士課程修了
同年より1996年3月まで日産自動車（株）総合研究所で騒音振動，衝突などのCAEに従事
1996年4月～2012年3月：東京工業大学教授　機械物理工学専攻・機械科学科
2012年4月～2021年3月：明治大学特任教授。　MIMS所長などを経て2021年4月より現職

第22期，23期日本学術会議第3部会員。日本機械学会・日本応用数理学会・日本シミュレー
ション学会などの名誉会員、自動車技術会・米国機械学会などのフェロー会員。文部科学
大臣表彰科学技術賞（研究部門）等受賞多数。
執筆担当：第1章～第4章

橋口 真宜 (はしぐち まさのり)

計測エンジニアリングシステム株式会社主席研究員，技術士（機械部門），東京農業大学客
員教授，明治大学先端数理科学インスティテュート客員研究員，JSME計算力学技術者国際
上級アナリスト，固体力学1級
執筆担当：第5章

米 大海 (み だはい)

計測エンジニアリングシステム株式会社技術部部長，工学博士
執筆担当：第6章

COMSOL Multiphysicsのご紹介

　COMSOL Multiphysicsは，COMSOL社の開発製品です。電磁気を支配する完全マクス
ウェル方程式をはじめとして，伝熱・流体・音響・構造力学・化学反応・電気化学・半導
体・プラズマといった多くの物理分野での個々の方程式やそれらを連成（マルチフィジック
ス）させた方程式系の有限要素解析を行い，さらにそれらの最適化（寸法，形状，トポロ
ジー）を行い，軽量化や性能改善策を検討できます。一般的なODE（常微分方程式），PDE
（偏微分方程式），代数方程式によるモデリング機能も備えており，物理・生物医学・経済
といった各種の数理モデルの構築・数値解の算出にも応用が可能です。上述した専門分野
の各モデルとの連成も検討できます。

　また，本製品で開発した物理モデルを誰でも利用できるようにアプリ化する機能も用意さ
れています。別売りのCOMSOL CompilerやCOMSOL Serverと組み合わせることで，例
えば営業部に所属する人でも携帯端末などから物理モデルを使ってすぐに客先と調整をで
きるような環境を構築することができます。

　本製品群は，シミュレーションを組み込んだ次世代の研究開発スタイルを推進するとと
もに，コロナ禍などに影響されない持続可能な業務環境を提供します。

【お問い合わせ先】

計測エンジニアリングシステム（株）事業開発室
COMSOL Multiphysics 日本総代理店
〒101-0047 東京都千代田区内神田1-9-5 SF内神田ビル
Tel: 03-5282-7040　　　Mail: dev@kesco.co.jp
URL：https://kesco.co.jp/service/comsol/

◎本書スタッフ
編集長：石井 沙知
編集：山根 加那子
組版協力：阿瀬 はる美
図表製作協力：菊池 周二
表紙デザイン：tplot.inc 中沢 岳志
技術開発・システム支援：インプレスNextPublishing

●本書の内容についてのお問い合わせ先

近代科学社Digital　メール窓口
kdd-info@kindaikagaku.co.jp
件名に「『本書名』問い合わせ係」と明記してお送りください。
電話やFAX，郵便でのご質問にはお答えできません。返信までには，しばらくお時間をい
ただく場合があります。なお，本書の範囲を超えるご質問にはお答えしかねますので，あ
らかじめご了承ください。

マルチフィジックス有限要素解析シリーズ6

次世代のものづくりに役立つ振動・波動系の有限要素解析

2024年5月31日　　初版発行Ver.1.0

著　者　萩原 一郎,橋口 真宜,米 大海
発行人　大塚 浩昭
発　行　近代科学社Digital
販　売　株式会社 近代科学社
　　　　〒101-0051
　　　　東京都千代田区神田神保町1丁目105番地
　　　　https://www.kindaikagaku.co.jp

印刷・製本　京葉流通倉庫株式会社
Printed in Japan

ISBN978-4-7649-0698-3

近代科学社 Digital は、株式会社近代科学社が推進する21世紀型の理工系出版レーベルです。デジタルパワーを積極活用することで、オンデマンド型のスピーディでサステナブルな出版モデルを提案します。

近代科学社 Digital は株式会社インプレス R&D が開発したデジタルファースト出版プラットフォーム "NextPublishing" との協業で実現しています。